頂尖業務
有九成靠劇本

從自掏腰包買業績，變身破億銷售高手

營業は台本が9割

加賀田裕之——著

葉廷昭——譯

前言

曾經自掏腰包做業績的銷售呆瓜，究竟如何成爲頂尖的推銷高手？

大家好，我一直在等待認識你們的機會。

你們會拿起這本書，大概是想提升自己的銷售技巧，改善難堪的現狀吧？

你們亟欲提升銷售技巧，創造更多的業績。

可惜你們不懂方法，想必吃了不少苦。

或許，下面的困境就是你們的生活寫照？

- 在滂沱大雨中拚命拜訪客戶，但沒有人給你好臉色，每天過得抑鬱寡歡。
- 公司的同梯業績都比你好，連新人的業績都超越你。你心有不甘，每天都去書店翻閱相關書籍。

- 每次都在簽約之前功敗垂成，上司把你罵得狗血淋頭，逼你一定要拿出成績，你都不太敢回公司。
- 你對自己的銷售技巧沒信心，甚至懷疑公司的商品根本沒賣相，對自家商品再也不抱希望。
- 你去請教業績好的前輩，前輩卻顧左右而言他，不肯分享他的技巧。
- 上司的指示很籠統，只會叫你好好做，多拿出一點幹勁，根本沒有參考價值。

我只想告訴你一句話。

你不用再擔心了。

製作一部專屬自己的「銷售劇本」，是成功最快的捷徑。

活用最新的消費心理學，創造一部銷售劇本，刺激客戶的購買欲望。學會這個方法，你會有截然不同的銷售業績。

而且這不是強迫推銷，客戶甚至還會感謝你。

你對這樣的銷售手法感興趣了吧？

抱歉，拖到現在才自我介紹。我叫加賀田裕之，是教導銷售技巧的專家。我就是用這套銷售劇本，幫助許多業務員提升業績。

請容我介紹一下自己的經歷。我一開始接觸銷售工作，是在日本最大的自我啓發企業，當年那家公司的營收每年超過一百億日圓。

前半年我幾乎沒有業績，還辦了五年的貸款，自掏腰包購買兩百五十萬日圓的商品。

有位頂尖業務員很照顧我，有一次他帶我一起跑業務，徹底改變了我的人生。當時四百名業務員的業績，多半介於五十萬到兩百五十萬日圓，我掌握了「某項訣竅」後，終於晉身頂尖業務員之列。

業務經理讚揚我的功績，派我去當新事業部門的負責人，頭一年就創下了一億日圓的營收佳績。我用「銷售劇本」（話術劇本）教育底下的員工，獲得極大的成效。

後來，我跳槽到大型的婚友社，更博得「姻緣之神」的美名。我教導會員提升溝通能力，大幅拉高他們結婚的機率。

不久後，我尊敬的上司創立了日本最大的商業心理教育機構。我去那裡擔任行銷專員，兼任身心語言程式訓練員，利用心理學建立一套有系統的銷售技巧。

最後，我又跳槽到ＩＴ企業擔任業務經理，成功挽救那家快要倒閉的公司。本來該企業的營業額每個月才八千萬日圓，我只用了半年的時間，就成長到每個月一．五億日圓（相當於一年二十億日圓）。我率領一百多名部屬，也成功提升了他們的推銷技巧。

再舉個簡單一點的例子好了。我曾把一個二十三歲的金髮打工族，教育成月收超過一億日圓的電話行銷專員。

這套銷售劇本在不同業界都有良好的成效，而且屢試不爽。我用這套理論教育部屬也廣收奇效，現在我可以用銷售劇本販賣任何東西，從便宜的茶水到造價數十億的太陽能電廠，對我來說都一樣。很多企業也找我擔任顧問。

那好，我問各位一個問題。

你有用有系統的方式，**學習銷售的方法嗎**？

一般商業人士有不少機會學習行銷和待客之道。

不過，我們很少有機會學到銷售技巧，偏偏這才是最需要指導的學問。到頭來，很多人只好自行摸索，或是模仿別人，這麼做往往拿不出好成績。

也難怪你們空有一身衝勁，卻始終罕有成效。

我用減肥當例子各位就聽得懂了。

這是我的親身經歷。有一次我想加入健身房的會員，改善自己的體態。跟我談的健身教練身材好得不得了，問我知不知道瘦身的訣竅是什麼。

我看他全身都是肌肉，因此以爲要多做重量訓練，才有辦法瘦得下來。不料，他說眞正重要的是飲食習慣，重量訓練只是輔助而已。這個答案令我很訝異，但也明白他講得很有道理，當天就決定加入會員了。

銷售也是同樣的道理，**制定「銷售劇本」就是推銷的祕訣**。

我的重點是，不管減肥或推銷，專家看重的要素和一般人有極大的落差。

用錯誤的方法不可能減肥成功。同樣的道理，用錯誤的方法推銷，也不可能提升業績。拿不出成績，說穿了就是你沒有銷售劇本。

我是教導銷售技巧的專家，我會透過這本書，告訴你如何用銷售劇本推銷商品。這些都是我平常在課堂上傳授的銷售祕訣，主要包含編排劇本和自我精進的知識。

所謂的**銷售劇本，就是利用消費心理學，安排一套完善的簡報劇本，刺激客戶購買商品的欲望**。只要你有一套可以複製的成功模式，讓客戶自然產生購買的欲望，成交的成功率將高達八成。

我在前面也說過，我曾把一個二十三歲的金髮打工族，教育成每月營收超過一億日圓的電話行銷專員。

他進公司時才二十三歲，只在餐廳打過工，既沒有大學學歷，也沒有社會經驗，就只是一個菜鳥而已。

老實說，一開始我對他不抱期望，心想這傢伙一定很難帶。

不過，他純粹是缺乏銷售經驗而已，爲人還算老實。我教導他銷售劇本的訣竅，他背下我說的每一句話，反覆實踐那些技巧。

他一直照我的話做，比任何人都要勤奮認眞。

後來我才知道，這小子雙親破產，一肩扛下妹妹的學費，他有必須賺大錢的理由。

有些人只有半桶水的推銷技巧，而且自以爲是，對我的銷售劇本不屑一顧，最後拿不出業績都辭職了。可是，他持續照我的話做。

很快地，他成爲了頂尖的業務員，每個月有一億的業績。

他老實遵守我教導的訣竅，徹底執行基本技巧；面對每個案子都會反省自己的缺失，迅速改善銷售劇本。這就是他成功的原因。

要成爲頂尖推銷員，不外乎兩個訣竅。

一、**徹底活用銷售劇本。**

二、**每次都要改善你的銷售劇本。**

如此而已。

這個沒有社會經驗的年輕人，加入公司才短短幾個月，就拿到一億以上的業績。學會「銷售劇本」的技巧，就是他成功的祕訣，任何人都能做到。

爲何這套方法對誰都有效呢？

首先，**因爲我們事先做好了完美的準備，握有交涉（或簡報）的主導權，而不是隨便臨場發揮**。

再者，過去失敗和成功的經驗，可以用來改善銷售劇本，改善後會有更好的成效。沒有制定銷售劇本的人，失敗了也不知該從何改進，只會不斷犯下同樣的錯誤。

最重要的一點是，我很擅長發掘客戶的需求，把這點融入銷售劇本當中，成交率保證大幅提升。

發掘客戶的需求是每位頂尖銷售員都在用的技巧（他們不見得有自覺），詳細內容留待本文介紹。

換句話說，看完這本書，你不只可以學到「銷售劇本」，同時還能學到頂尖業務員在無意中使用的絕技。

現在各位是不是躍躍欲試了？

編排好一部銷售劇本，將是你最棒的推銷武器。

接下來，讓我們一起打造這項武器吧！

「銷售劇本」的成功實例

光國汽車股份有限公司．早川社長

「一個完全沒有賣車經驗的二十五歲女職員，現在每個月竟然賣出二十五輛汽車！她並沒有特別出眾的才華，就只是實踐加賀田先生的祕訣而已！」

FUNTRE股份有限公司．谷田部敦社長

「過去我試過很多銷售理論，但加賀田先生的理論無人能及，而且效果卓絕。」

療癒之星股份有限公司．小樋將太郎社長

「採用加賀田先生的理論，業績有了大幅度的成長。我自己推銷高價商品的成交率，也從三〇％上升到七〇％了！」

日本服裝設計協會理事長．井上史珠佳女士

「不擅長推銷的員工，經過加賀田先生的指導後，業績提升了三倍！」

牙科醫院院長．三浦先生

「學會了加賀田先生的方法後，我的業績一直保持頂尖，甚至贏得了醫療法人分院長的寶座！人生徹底改頭換面啊！」

保險業務員．佐藤先生（兩年資歷）

「加賀田先生眞的是超級英雄，他把我從絕望的困境拯救出來，賦予我光明的未來。我本來業績很糟糕，跟他學了三個月就成爲東京最棒的業務員，業績高居千人之首！做這一行的都應該跟加賀田先生求教！」

保險業務員．黑羽先生

「我去加賀田先生的講座上課，上沒幾堂就有很棒的效果。現在我調到新的單位，一個人就創下了一億日圓的業績，我真的非常高興（這個數字是其他業務單位要動用二十個人才有的業績）。我的業績不斷提升，才就任三個月就已經達成一整年的目標了。這都是加賀田先生的功勞。」

外商保險公司業務．伊藤小姐

「現在客戶都願意抽時間見我，我終於有機會跟對方談生意了。之後，我嘗試各種銷售劇本，不斷精益求精，最後成交率高達九成，業績也翻了兩倍，才三個月就擠進全國前二十名，總公司還找我去東京接受表揚！其實我還有很多話想說，總之我想表達的是，多虧加賀田先生的卓越理論，我克服了對推銷的厭惡，現在每天都過得很開心！」

外商保險公司業務．木原先生

「加賀田先生的理論考慮到客戶的心態，這一點非常重要。多虧學了這套方法，我的成交率提升了兩倍以上，也不用再強迫推銷了。」

外商公司業務員．佐佐木先生

「加賀田先生的方法解決了我在推銷上的各種煩惱，我的成交率大幅提升，業績也多了兩倍！」

外商醫療大廠業務員（醫藥代表）．T先生

「我根據加賀田先生的方法擬定戰略，列出不同階段該做的任務，積極找客戶推銷自家商品。現在，我的業績高居全國第三名，更是全東京最棒的業務員！」

體檢推銷員．K先生

「我跟加賀田先生學了三個月，薪水終於提升了，這是我人生中第一次領到高薪！我不只學到推銷的技巧，也學到了人生的哲理！」

代書‧福池先生

「加賀田先生不只教我推銷的技巧，還教我行銷的訣竅。我構築了一套全新的方法，吸引那些對公司網站有興趣的網友，讓他們成爲客源。我的業績提升了兩倍！眞的太感謝加賀田先生了！」

不動產仲介‧山口先生

「過去我發五千張傳單，頂多只有一個客戶感興趣，而且成交率不超過三成。跟加賀田先生學習消費心理後，我更改傳單內容，現在發兩千張傳單就有一個客人感興趣，而且成交率高達百分之百！每個月我都能簽下兩、三個客戶，發傳單也輕鬆不少。接下來我打算成立新的單位，努力朝下一個目標邁進。」

不動產仲介‧五十嵐先生

「我以前沒有接觸不動產的經驗（入行才一年），公司要我挨家挨戶去開拓客源。我上網調查各種資料，向加賀田先生請教推銷的方法。結果，馬上有兩個客戶委託我賣房（售價分別是兩千三百萬和三千兩百萬）！加賀田先生的理論實在了不起！」

植髮沙龍・牧原小姐

「我把加賀田先生教的方法直接拿來用（先做一份網路問卷，在客人消費前培養好雙方關係，順便了解他們的需求），沒想到眞的建立起良好的信賴關係，成交率也從兩成五上升到九成！營收也增加三倍，我做事也變得更從容、更有自信了！」

保險公司業務單位所長・S女士

「我以前沒有推銷的經驗，入行第三年就被指派爲業務單位的所長。因爲缺乏經驗，我的提案總是過不了關，每天還要忙著應付客訴，心眞的好累。後來加賀田先生教我應用消費心理，我的簽約數增加，現在也不怕客訴了。加賀田先生真是我的苦海明燈！」

房屋修繕・後藤先生

「我以前根本簽不到客戶，辛苦製作的估價單人家也不屑一顧。後來我學了銷售劇本，原本只有四成的成交率上升到八成！營收也增加兩成！加賀田先生的方法太有效了！」

整骨師・秋葉先生

「過去我缺乏有系統的推銷手法，總是很擔心經營狀況。加賀田先生教我用消費心理製作一套諮商劇本，終於成功刺激客人的消費欲望。這套劇本可以讓我打聽出必要的資訊，用合理的方式提供必要的建議。後來，我的營收也提升了兩成。」

目次 CONTENTS

第一章　邁向成功的五大階段

第二章　打造專屬於你的銷售劇本

第三章 銷售劇本第一階段：發展人際關係

第四章 銷售劇本第二階段：發掘需求和刺激欲望

第五章　銷售劇本第三階段：介紹商品

第六章　銷售劇本第四階段：提議成交

第七章　銷售劇本第五階段：化解反駁

序章

為什麼你的商品永遠賣不出去？

你對銷售這件事有何煩惱？

我寫這本書不是要給你心靈上的啓發，而是要你拿出具體的成果。

所以，容我冒昧請教一個問題。

「你對銷售這件事有何煩惱？」

你會拿起這本書，代表你可能有各種銷售上的煩惱。

比方說，你對推銷這件事有種說不出的抗拒。

你覺得把商品推銷給沒錢又沒購買意願的人，是在給對方添麻煩。你很害怕得罪別人，也不想惹別人不高興。

你以爲只有完美的商品值得推銷，因此對自家商品沒信心。

或者，你根本找不到客群。

連怎麼打電話約時間你都不知道。

該如何推銷你也不清楚。

你只知道介紹商品很麻煩、很累。

客戶只要搬出一句「我考慮考慮」，你就不曉得該講什麼了。

總之，你可能有很多類似的煩惱。

這也不怪你，各大高中、大專院校、研究所（ＭＢＡ）頂多教市場行銷，但從來沒用有系統的方式教導銷售技巧。

所以，許多人對銷售望而生畏。

如果你是企業主（或主管），大概也有以下的煩惱吧？

業績都是少數幾個頂尖業務員貢獻的，新人完全沒有業績。

你銷售的本事不錯，但純粹是靠直覺在拉客戶，也不知道該怎麼教下面的人。

或者，你以前沒接觸過這門學問，也說不出什麼好方法。

你擔心推銷手法太強硬，會造成不好的風評。

而企業主也有自己該做的事情。

所以，你希望那些頂尖的業務員，用更有系統的方式教育部屬。最好可以安排一套有效的銷售劇本（話術劇本），或是以角色扮演的方式練習，偏偏頂尖業務員也沒空理你。這應該就是你的煩惱吧？

再者，不少企業主（或主管）只想找外部的專家來教育員工，這樣他們才可以專注在自己的工作上。

請你先弄清楚自己有哪些銷售上的煩惱吧。

精神論無法幫你提升業績

所謂的精神論，就是一味要求部下拿出幹勁、毅力、敏銳度。

「你有沒有認眞做啊？」（幹勁）

「你一定辦得到！」（毅力）

「腦筋要動得快！拿出你的人脈！」（敏銳度）

你對這種沒系統、沒邏輯的指導方式，是否也有諸多不滿？

我一開始接觸業務工作的時候，上司一臉得意地說銷售講究的是人緣。這件事我到現在都還記憶猶新，當時我根本傻住了，人緣和人品是要怎麼訓練？

現在還有上司動輒用精神論指導部下，剛入行的菜鳥往往一頭霧水。他們懷疑自己聽不懂上司的指導、東西賣不出去，會不會是自己的問題？

請放心，這不是你的問題。

打個比方，這就好像叫一個沒開過飛機的人，一下子就要學會開飛機一樣。

根本強人所難。

「日常對話」和「推銷商品」都是靠一張嘴，大部分人以為兩者是同一回事，事實上截然不同。

我當初去做銷售業務，上司就是用這種垃圾理論指導我的，害我完全賣不出東西，急得跟熱鍋上的螞蟻一樣。

後來，我終於有機會學到系統的方法，業績才蒸蒸日上。接下來，我要告訴各位這段故事。

業績提升，你才有人生的主導權

我大學是念法律的，畢業後去補習班當老師，後來又到電信業者的教育諮商機構，負責臨櫃職員的教育訓練。

我一直從事教育相關產業，而這份工作也帶給我一個感想——

人生在世，不能沒有推銷的能力！

於是，我跳槽到大型的自我啓發機構，負責業務工作。

那是一家全球頂尖的自我啓發機構，我以爲他們會用很有系統的方式，教導我銷售的相關訣竅。

不料，無腦上司只講精神論，每次都用抽象的方式說教，我根本沒學到任何有邏輯的推銷技巧。

很多理論毫無邏輯可言，也不具可行性。比方說，要了解客戶的感受，必須時時刻刻保持敏銳的直覺；因此，走路時注意力要放在腳底，多注意路面的變化。

頭幾個月我一件商品都賣不出去，天天被上司當狗罵。

有一天，我發現自己的喉嚨怪怪的。

中午吃東西的時候，喉嚨有一種燒灼的痛楚。

我把這件事告訴同事，同事懷疑我得了食道癌。他祖母去世前也有類似的症狀，要我趕快去醫院檢查。

我去醫院照胃鏡，祈禱自己不要那麼倒楣。好在只是胃食道逆流，並非癌症。大概是我那時候壓力太大，喝太多威士忌的關係。

後來我真的被逼急了，乾脆自掏腰包購買兩百五十萬日圓的商品，而且那還是我辦貸款借來的錢。

想當然，我的銷售技巧始終沒進步……整整三個月一件商品都賣不出去，也有辭職的打算，把辭職信揣在口袋裡，準備找時機丟給上司。

因緣際會下，公司的頂尖業務很欣賞我，於是我才有機會一睹特殊的銷售手法。

他帶我去跑業務，我錄下他的談吐，反覆聆聽。我把內容寫成文字，試圖歸納出一套系統的方法。

最令我驚訝的是，他用的是很特殊的商品銷售理論，而那套理論很少人知道。那位頂尖業務員的話術我聽了上百次，經過不斷地分析，終於學會那套方法。

當我開始應用這套特殊的銷售理論，業績終於變好。

簡單說，溝通最講究下列三點。

- **誰有資格講話？**
- **要講什麼？**
- **如何表達？**

不過，第一點關係到人品和性格，改善這些是需要花時間的。

而弄清楚要表達什麼，就是改善你的銷售劇本（話術劇本）；弄清楚表達的方法，則是改善你的話術，說服有機會簽下的客戶。根據消費心理學的論述，這兩點誰都能學會。

悟出銷售劇本的經過

有了優異的業績後，上司將整個銷售團隊交給我。

不過，我只擅長自己賣東西，不曉得該如何提升部屬的業績。有在抽菸的業務員大概會明白我的感受，我每隔一小時就要抽菸紓壓。這種不健康的日子過久了，有一天在吸菸室，我看著自己在玻璃上的倒影，感覺好像哪裡怪怪的……赫然發現自己變得瘦骨嶙峋，顯然是壓力太大的關係！我整整瘦了十公斤以上，老實說我真的被嚇到了（現在不敢抽菸了）。

回到辦公室，看到上司在狗幹我的部屬。

「沒業績就代表你人品不好啦！」

「媽的酒囊飯袋！」

「東西賣不出去，就別給我下班！」

業績不好的部下，上司就把電話綁在他們手上，逼他們連續打好幾個小時的電話拉客戶，而且只能站著，不可以坐下來休息。

我的部屬也承受非同小可的壓力。

不讓他們好好發洩一下，保證很快就辭職不幹。其他單位甚至有業務員壓力太大，罹患恐慌症、憂鬱症、梅尼爾氏症，那家企業就是黑心到這種地步。

所以每天下班後，我會帶著部下一起去喝酒，喝到爛醉才回家。每個月一百二十萬到一百三十萬日圓的收入，全都貢獻給酒家了。

有一天，我發現手指有股刺痛感。

平常我有戴隱形眼鏡，以爲是洗淨液刺激性太強，也就不怎麼在意。

沒想到……我連皮膚都開始褪色了！

過度的壓力導致我罹患「白斑病」（麥可．傑克森也有同樣的病）。

現在我的指尖和關節依舊是白色的。

「我撐不下去了，好想死……」

這是我頭一次體會到想自殺的心情。

一般人對死亡的印象是痛苦和恐懼，但想自殺的人認爲，死亡才是眞正的解脫。

「去給電車撞，就沒煩惱了吧。」

就在我快崩潰的時候，偶然在書店看到一本心理學書籍。

當時那位作者還默默無名，但在臨床上有一定的好評。是他教導我實用的心理學，他是眞正的大師。

我抱著病急亂投醫的心情，前往神保町的住商混合大樓拜訪那位作者。後來，我努力學習他的理論，並且實踐在工作上，教育部下也終於有了成果。

「加賀田先生，你是我的人生導師！」

以前我帶過的部屬，很多人都非常感謝我。

我這才領悟到，把銷售技巧傳授給大衆是我的使命。

後來，上司認同我帶領團隊的能力，提拔我當新事業的負責人。我第一年就做出了一億日圓的業績。

我的教育內容只有兩點。

- **製作「銷售劇本」**，弄清楚自己到底該說什麼。
- **練習簡單易懂的表達方式，決定好如何表達。**

我從二〇〇〇年開始接觸業務工作，不少公司請我去當銷售主管，我替他們教出優秀的推銷員，在業界也有不錯的口碑。

所以我敢向各位掛保證。

銷售靠的就是劇本。

我在各行各業教過銷售的訣竅。上至數十億的太陽能發電廠，下至便宜的茶水飲料，我指導的訣竅都一樣。

- **掌握消費心理**。

- **製作有用的銷售劇本。**
- **練習簡單易懂的說話方式。**

做到這幾點，任何人都能成爲頂尖業務員。

這就是我悟出銷售劇本的經過。

頂尖業務員都懂得發掘客戶的需求

相信大部分人都沒學過有系統的銷售方法。

尤其那些頂尖業務員，不太喜歡分享他們的技巧。

爲什麼身邊的推銷高手都不願意教人呢？

其實這是很理所當然的事情，頂尖業務員就是比其他人更執著於獲勝，所以才能成爲頂尖高手。因此，他們本來就沒有教別人的打算。

很多頂尖業務員是靠直覺在拉客戶的，就算他們有心想教，也不知道該怎麼教。

有點實力的業務員，公司會逼他們做決定，看是要繼續鑽研銷售之道、成爲更頂尖的推銷高手，還是成爲管理階層帶領部下。

選擇當管理階層，自然就要教育新進的業務員。

不過，像那種球員兼教練的推銷高手，對他們來說創造業績比教育新人更輕鬆。況且創造良好的業績，可以提升自己在公司的地位，所以他們抵抗不了當獨行俠的誘惑。

我在大學時代就當過中小學的補教老師，後來又當高中補教老師，還有專校的講師、商業研討會的培訓員。我一直從事職涯教育，所以才能歸納出一套實用的教育手法。

我會思考自己業績好的原因是什麼。

同時，也會考量該如何提升部屬的實力。

銷售的訣竅說穿了很簡單——**發掘客戶的需求遠比成交的能力更重要**。

我在全國各地召開銷售課程，也擔任銷售顧問。

某家創業五十年的銷售公司找我去上課，一位頂尖業務員對我說：

「原來我無意間有做到這個訣竅啊（發掘客戶的需求）！看來我的方法是對的！」

這就是頂尖業務員沒告訴你的祕密（或者他們根本也沒自覺）。

而這也算不上祕密，純粹是知道的人不多罷了。

看完這本書，你可以學到頂尖業務員祕而不宣的獨門方法（發掘客戶的需求）。

如果你對發掘客戶的需求沒概念，接下來只要好好學習這個方法，你的成交率保證會提升好幾成，敬請期待。

序章總結

- 用精神論指導部屬一點用也沒有。
- 掌握消費心理，製作有效的銷售劇本，練習簡單易懂的表達方式。
- 發掘客戶的需求，才能製作出有效的銷售劇本。

第一章

邁向成功的五大階段

銷售劇本可以幫你簽下八成的客戶

從事業務銷售工作，你一定會碰到「成交率」的問題。

成交率顧名思義，就是推銷商品後成功簽下客戶的機率。

你知不知道自己的成交率是多少？

推銷十次有五次簽下客戶，你的成交率就是五成。

十次有六次簽下客戶，成交率就是六成。

首先，請確實掌握自己的成交率。

善用銷售劇本，你有機會簽下八成的客戶。

成交率高達八成是什麼樣的概念呢？假設有十名客戶，一般的銷售員可以輕易簽下其中兩名客戶，厲害點的可以說服其中四名，再厲害點的可以讓六名考慮。而真正的高手可以讓其中八名成交。

反過來說，成交率不可能高達百分之百。

很多銷售講座或書籍，都說他們的成交率高達九成九。這只有兩種可能，第一是他們使用不正當的手段，第二是他們估算的標準太低。

成交率在八成左右，才算正常的數字。

我指導的客戶，成交率從兩成提升到四成或六成，他們就非常開心了。因為成交率提升，意味著營收成長。

成交率提升一倍，營收也就跟著提升一倍。

所以，**請先決定你的目標成交率**。

比方說，你推銷十次只有四次成交，成交率是四成，金額是四百萬元。那你就要給自己設定一個新目標。

例如，你希望一個月之後，成交率上升到六成，金額則是六百萬元。

我教各位一個認真設定目標的方法。

請發揮一點想像力。

假設你心愛的人被綁架了。

綁匪要求你在一個月後交出一大筆錢，交不出來就要撕票。

這種情況下，你一定會拚死籌錢吧？

或許你會想，萬一綁匪開口要十億元，根本籌不出來啊？

這只是一個比較極端的例子，我的意思是你要用這樣的心態，去設定一個願意賭命完成的目標。

每次我提出這個方法，就有人反對。設定如此嚴厲的目標，必須一直全力以赴，是不是太辛苦了？

那好，請想像一個正在往下降的手扶梯。

現在你要逆向跑上手扶梯。

的確，一直全力以赴真的很累，但當你跑上手扶梯，到二樓可以先休息一下啊。

同樣的道理，**困難的目標只要達成一次，就不難了**，日後你還是能達到同樣的目標。

只有一開始辛苦而已，習慣之後不用特別拚命也可以維持一定的水準。所以設定目標時要思考，努力的最大極限在哪裡。

提升成交率的五大階段

請各位再發揮一下想像力。

假設，我在你面前弄掉了一枝筆。

請問，筆掉了跟什麼法則有關？

相信各位都知道，這跟萬有引力的法則有關。

不管你在哪裡弄掉一枝筆，筆都會往下掉落。

同樣地，「消費心理」也有一套定律。

不管是哪個地區的消費者，都會根據某些「定律」而被挑起購物欲望。

這個定律有五大階段。

- **第一階段：發展人際關係。**
- **第二階段：發掘需求和刺激欲望。**

- **第三階段：介紹商品。**
- **第四階段：提議成交。**
- **第五階段：化解反駁。**

不先發展良好的人際關係，一下子就介紹自家商品，你覺得客戶會怎麼想？

人家只會認爲你是來騙錢的，不會對你打開心房。

所以，要先建立良好的人際關係，深入發掘客戶的需求，刺激他們購買的欲望。之後再開始介紹商品，讓客戶知道購買商品有哪些好處。最後說服對方成交，化解反駁的論調。這五大手法就是遵照消費心理，大幅提升成交率的定律。

我來簡單說明一下各階段的內容。

階段一：發展人際關係

二〇〇〇年以前，大多數的業務員只重視提議成交和化解反駁的階段。因爲在那個時代，光靠這兩點就能簽下客戶。

不過，因逐步修正「特定商業交易法」，消費者的權益受到更完善的保障，你用強硬的手段簽約，客戶事後可以無條件解約。

另外，網路和社交平臺日漸普及，黑心企業的惡名一下子就能傳遍大街小巷。企業沒法再用上述的兩種技巧，強行和客戶成交。

因此，現在做生意特別講究發展人際關係。

關於人際關係的發展，留待第三章詳述。

階段二：發掘需求和刺激欲望

所謂的**發掘需求**，**意思是要讓客戶急於改變現狀**。

至於**刺激欲望**，**則是刺激客戶對商品的欲望**，**讓他們不得不買你的商品**。

換句話說，發掘需求就是嚇唬客戶（見識地獄），刺激欲望則是許他們一個美好的願景（看見天堂）。

發掘需求是我的銷售理論最大的特點。

見識地獄的意思是，你要讓他再也無法忍受現狀。再來是看見天堂，你要讓客戶知道買了商品以後有多大的好處。

發掘需求的手法，關鍵在於找到客戶的煩惱。這是專業推銷高手使用的方法，一般大眾沒機會接觸。所以，當你學會這個方法，成交率會提升一到兩成。

階段三：介紹商品

發掘需求和刺激欲望都做到了，再來才是介紹你的商品。事實上，介紹商品也有一套好用的定律。

那就是「FABEC定律」。

這並不是我獨創的技巧。

美國是百家爭鳴的銷售激戰區，這是他們開發出來的商品介紹法則。

這是一種很棒的技巧，詳情留待第五章介紹。

敬請期待。

階段四：提議成交

你認爲銷售講究「說明」還是「說服」？

如果試圖讓客戶了解你的觀點，或者接受你的觀點，那你推銷商品一定很辛苦。客戶還沒購買你的商品和服務，不可能完全了解或接受你的說法。

銷售講究的是「誘導」。

- 說明→理解。
- 說服→接受。
- 誘導→激發客戶的欲望。

你使盡吃奶的力氣讓客戶了解你的論點，問題是客戶對商品的了解不會比你清楚，這等於是在強迫推銷。

強迫推銷對誰都沒有好處，所以，在提議成交的時候，要自然而然地刺激客戶購買的欲望。

蛇把身體盤起來的時候，你根本看不出牠的尾巴在哪裡。同樣地，頂尖業務員在提議成交的時候，也不會有推銷商品的感覺。

其實方法也很簡單。

就是提供客戶選擇的方案。

人類討厭被他人強迫，可是有了選擇以後就會做出抉擇，此乃人的天性。

我們內心都有想要自己作主的需求。

提供客戶選項，讓他們自行做出抉擇，滿足人類想要作主的欲望。

關於提議成交的訣竅，留待第六章介紹。

階段五：化解反駁

沒有銷售經驗的業務員或企業家，經常碰到一個煩惱。**當客戶說「我再考慮看看」的時候，他們不曉得下一步該做什麼，結果就失去了成交的機會**。

通常提議成交後，客戶不見得有堅定的購買欲望，他們對你的提議會有疑慮。

有時候客戶純粹只是提出疑問，結果有的銷售業務以爲客戶一口拒絕，便輕言放棄。這是非常可惜的事情，因此要先有一個認知，**客戶提出反駁是理所當然的**。然後，請事先準備好化解反駁的策略。

化解反駁主要有四個步驟。

一、提問→了解客戶考慮得如何。

二、稱讚客戶，表達你的感同身受→讓客戶願意聽你說話。

三、提議→提出簡單易懂的好處。

四、給予明確的動機→用明確的動機獲得對方認同。

以上四個步驟都做到了，再提議成交，以此類推。

當客戶說「我再考慮看看」，你就該準備化解反駁的手段了。

化解反駁其實就是給客戶安心感。

詳情留待第七章介紹。

制定銷售劇本要合乎「消費心理」，
並持續改進內容，
這樣才會有八成的成交率！

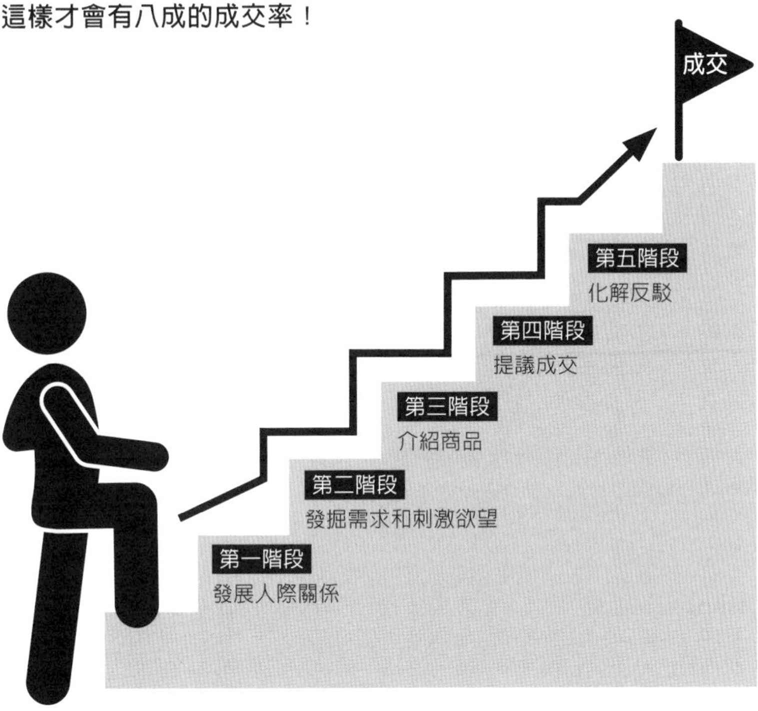

第一章總結

- 先掌握自己的成交率，這一點很重要。
- 以八成的成交率為目標。
- 實用的銷售劇本必然包含五大推銷階段，這五大階段都掌握了消費心理的關鍵。
- 階段❶：發展人際關係。
- 階段❷：發掘需求和刺激欲望。
- 階段❸：介紹商品。
- 階段❹：提議成交。
- 階段❺：化解反駁。

第二章

打造專屬於你的銷售劇本

編排銷售劇本的三大要點

接著，我們來一起編排銷售劇本。

在編排銷售劇本時有三大要點。

①一開始最辛苦，先嘗試編排，不要力求完美

俗話說，萬事起頭難，剛起步是最辛苦的階段。

請你回想一下，接觸新事物的時候，也是剛起步最累吧？

比方說，你一開始到公司上班，一定很擔心工作這麼累，自己能否撐得下去。其實習慣以後，上班就不會耗費太多心力了。

如果你真的無法獨力完成銷售劇本，請來上我的課，我們一起研究。

②你的銷售劇本要符合「消費心理」

或許你會問，編排銷售劇本時「主軸」要放在哪裡？

答案是「消費心理」。

你要站在客戶的立場，思考他們會有什麼想法和感受，如此一來就能找到答案。

③不斷改進內容

時代和客戶是會改變的，這就好像現在的手機推陳出新，沒人用舊式手機一樣。

其他競爭者也不是笨蛋，同樣會改進他們的服務和商品。

所以，你的銷售劇本也必須與時俱進。

沒有完美的銷售劇本，你要不斷改進才行。

試著寫出你的銷售劇本

所謂的銷售劇本，其實就是話術劇本。

關鍵在於想像具體目標，思考自己該用何種手段攻克特定的客戶。

比如，最近你對客戶A做簡報，可惜棋差一著、功敗垂成。那麼，你就要把這個客戶當成具體目標。

你的方法不用對所有客戶都有效。

製作銷售劇本，目標鎖定在你應付得來的客戶就好。

當你想做一本對所有客戶都有效的銷售劇本，內容反而會太過龐雜籠統，對任何客戶都起不了作用。

聽我這樣講，你可能會擔心要做幾十種不同的銷售劇本，對吧？請放心。

你只要想幾個比較具代表性的客戶，用他們來做銷售劇本就好。最多了不起做三到五種就夠了。

之後再拿已經完成的銷售劇本改編即可。

所以，請先鎖定一個具體的客戶，製作你的銷售劇本。

要照剛才說的五大銷售階段來編寫，而這五大階段須合乎消費心理。

萬一時間不夠，就把你的推銷過程錄下來，請外包業者幫忙打成文字。你再根據文本變更（或編排）就好。

如果你有銷售高手的推銷影音檔，用那些影音檔製作文本也很有效。

好的銷售劇本和壞的銷售劇本

銷售劇本也是有分好壞的。

那麼，什麼樣的銷售劇本才叫好呢？

簡單說，要有以下幾個條件。

【形式要素】

- **要有目錄和頁碼以便閱覽。**
- **要明確寫下每個階段的目標。**
- **客戶類型最多五種就好，先針對典型客戶製作銷售劇本。**
- **不要只列重點，要有具體的對話，新人才看得懂。**

【內容要素】

•要詳述話術的「企圖、背景、目的」，才有辦法運用。

•內容也要適合老手。

•新人必須看得懂。

•針對具體的客戶來製作。

•日後遭遇瓶頸時，可以拿來檢討修正。

內容歸納起來大概是這樣。

沒有掌握這幾點的銷售劇本，就是不好的銷售劇本。

下頁開始是銷售劇本的範例，僅供各位參考。其實橫排是最理想的，但做成書籍不得不改成直排，還請見諒。為方便各位理解，內容我已經簡化過了，請當成製作銷售劇本的提示就好。

順帶一提，範例是以「發掘需求」爲主要訴求，效果非常顯著，但衝擊性也相對較大。請各位一定要按部就班看完本書，深入理解這一招的用意，否則客戶會覺得你在危言聳聽。當然，這一招學起來對你和客戶都有好處，不但效果驚人，成交率也將大幅提升。

銷售劇本範例一

- 行業：婚友社業務
- 情境：三十多歲未婚男性來店內聽取入會說明
- 發掘需求→刺激欲望的過程

業務：〇〇先生，你條件不錯呢，應該很受異性歡迎吧。

客人：沒有，沒這回事，都沒機會認識女生。

業務：原來如此，缺乏認識異性的機會啊。沒有認識異性的機會，也沒辦法找對象嘛。你參加過聯誼嗎？

客人：以前參加過，現在很少參加了，滿麻煩的。

業務：也對啦，二十出頭的時候都會參加，之後機會就越來越少了吼。那你在職場有機會認識異性嗎？

客人：這個嘛，異性大都已經結婚了。

業務：原來如此，我明白了！照這樣看來，○○先生的條件很好，可惜一直沒有機會展現自己。你的生活是不是只有上班和回家，還有去超商買東西？

客人：是啊……

業務：○○先生條件很好，這樣太可惜了啦。這也難怪，沒機會認識異性，自然也交不到女朋友。交不到女朋友，就結不了婚。你工作很忙嗎？

客人：很忙啊！每天從早忙到晚，禮拜六也經常要上班。所以禮拜天累得跟狗一樣，就是一直睡……

業務：真辛苦呢，我懂。這情況也非你所願，但還是要請你想像一下。如果一直沒機會認識異性，你要怎麼談戀愛和結婚呢？

客戶：呃，就一個人孤獨到老，生活不會有什麼改變吧……

業務：對啊，一個人孤零零的，三、五年很快就過去了喔。

客戶：嗯……這樣想一想，其實滿恐怖的。

業務：順便請問一下，你公司有那種年紀很大還沒結婚的同事嗎？

客戶：有，有！

業務：這樣講對同事或許有些失禮，但老大不小卻還沒結婚的男性，在旁人眼裡總是怪怪的，對吧？他們可能工作能力不錯，卻可能被懷疑人品有問題。上司也擔心他們欠缺管理能力，不敢委以重任。說不定還會巧立名目下放他們……

客戶：真的！我們公司那些沒結婚的人，就算有能力也出不了頭。

業務：對呀。到時候被下放異鄉，飯碗隨時不保，大家把不想做的屎缺都丟給你，年紀比你小的上司，也刻意設定很高的目標刁難你……真到了那個地步，你也無心工作，職場上也沒人鳥你，每天都抑鬱寡歡……現在一個人還沒關係，等過了四十幾或五十歲，就真的辛苦了，這種人還不在少數喔。萬一那就是你的未來，請問你會做何感想？

客戶：我想都不敢想。

業務：也是，光想就發毛……

客戶：真到了那個地步，我會辭職不幹吧。

業務：沒錯，那太辛苦了。到時候罹患憂鬱症，沒了工作以後，連失業給付也用光，可能還要申請低收入戶補助……

客戶：是啊……走到那個地步，也生無可戀了吧，搞不好會一個人跑去自殺。

業務：對，說什麼也不想變成那樣吧？

客戶：不想！

業務：那你為什麼想奮力一搏呢？

客戶：我認為自己應該還有機會。

業務：沒錯！畢竟○○先生的條件真的不錯！如果每個月都有兩、三次約會的機會，你覺得怎麼樣？

客戶：我的生活應該會比較多采多姿吧！

業務：對！當然啦，一開始可能不太順利，可是每個月約會兩、三次，你自然會去注意時尚趨勢，把自己打扮得更入時。多幾次相親的經驗，溝通能力也會進步，這對工作也大有益處。

客戶：聽你這樣講，我也躍躍欲試了！

業務：你不要覺得自己在相親，就當作假日和女生約會就好，這樣日常生活也會增添新鮮感。其他會員也說，生活多了新鮮感，工作更有幹勁喔！只要你肯努力三個月到半年的時間，說不定就有機會交到很棒的女友，要結婚也不是夢喔！啊，對了，〇〇先生喜歡怎樣的女生？

客戶：我喜歡像△△藝人那一型的。

業務：有眼光喔！以後結婚的話，你心目中的理想家庭是什麼樣子？

客戶：我會積極參加各種親子活動！其實我一直有個願景，就是參加兒子幼稚園的運動比賽，跟他一起跑步奪冠！

……簽約指日可待。

銷售劇本範例二

- 行業：銷售顧問公司的業務員
- 情境：向IT新創企業社長推銷研修課程（銷售劇本）
- 發掘需求→刺激欲望的過程

業務：現在貴公司業績蒸蒸日上，在業界也闖出一番名堂了呢！

客戶：哈哈，也沒有啦。其實呢，我們碰到不少問題，所以才想請你指點迷津。

業務：嗯，公司一口氣成長太快，也會產生一些無可避免的問題。通常一家公司對銷售人才有四大講究，包括雇用、培育、評鑑、調度，請問貴公司是哪個環節出了問題？

客戶：銷售人員的培養速度，趕不上公司的成長速度啊。

業務：明白了，這麼說也對。大家平日忙於各種業務，沒時間教育新人嘛。

客戶：沒錯！底下的人都忙著達成業績目標，連製作教範的時間也沒有。

業務：那好，我了解貴公司的難處了。照這樣看，頂尖銷售員和新人的業績，一定有很大的差距對吧？

客戶：是啊，就是你說的那樣。頂尖銷售員業績非常好，剛進來的新人缺乏經驗，商品都賣不出去。

業務：人才無法徹底發揮，確實是很可惜的狀況。假設貴公司有十位銷售員，其中一位頂尖銷售員的業績是一百萬，剩下九人掛蛋的話，那整體業績就只有一百萬。如果每個人都能創造六十萬的業績，就算沒有頂尖高手加持，整體業績也有六百萬嘛！我們公司另一位客戶也跑來跟我訴苦，他旗下的頂尖銷售員生病，結果業績大幅衰退呢。

客戶：真的是這樣沒錯！我們公司的頂尖銷售員之前也生病，公司整體的業績衰退很多呢。

業務：您的狀況我明白了！那請您居安思危一下，若繼續依賴頂尖銷售員撐業績，公司會面臨何種風險呢？

客戶：照你剛才的說法，成員間的業績落差太大，這是一大風險。還有，整體的業績可能大幅衰退，到時候也無望拓展據點了……

業務：沒錯，只靠少數菁英撐局面，業績太不穩定。要拓展新據點，風險又太大。萬一競爭對手跟麥當勞一樣，發展出一套有系統的銷售手法，來搶占市場大餅呢？

客戶：我就是擔心這個！其實，現在就有其他競爭者急起直追！

業務：這樣啊，那情況不樂觀呢！既然競爭對手急起直追，他們的業績繼續成長，貴公司將面臨何種困境呢？

客戶：當然是業績越來越差啊。

業務：那業績變差會怎麼樣呢？

客戶：你是什麼意思？

業務：我們要從風險控管的角度思考這個問題，才能避免最壞的情況發生嘛。

客戶：業績變差，公司自然賠錢啊。

業務：對，那一直賠錢會怎麼樣？

客戶：賠錢只好壓縮經營成本，最壞的情況下，可能得裁員吧……

業務：公司下裁員令，也會打擊員工士氣嘛。

客戶：對啊……

業務：優秀員工看苗頭不對，肯定會跳槽去其他公司，只剩下能力不佳的員工。

客戶：光想就害怕。

業務：公司一直賠錢，優秀員工都跑光了，下一步呢？

客戶：搞不好會倒閉吧……

業務：對，您想到的是倒閉。不過，很多社長和銀行借錢，都用自己的名義作保。真到了那個地步……

客戶：我就是那樣……真到了那個地步，我可能會先離婚，以免給家人添麻煩。

業務：對啊……畢竟要保護好家人嘛。

客戶：走到那一步，或許我也無能為力，連保護家人都做不到吧……

業務：到時候重新找工作，還要忍受年紀比你輕的上司指使，同事說不定也會嘲笑你把一家公司搞垮。

客戶：是啊。之後工作做不下去，下場就是當街友吧……

業務：很討厭這種下場吧？

客戶：到時候生無可戀，會跑去自殺吧。

業務：嗯……您一定不想淪落到那種地步吧？

客戶：那當然啊。公司倒閉的話，底下員工也沒法養家活口。況且我們出來做生意，有必須承擔的社會責任……我想推廣好的商品。

業務：說得太對了！企業有社會責任。貴公司的商品和服務精良，應該讓更多人知道才對！

客戶：沒錯！就是這樣！我必須保護員工和他們的家人，我有責任的！

業務：好！那您打算製作銷售劇本，訂立一套有系統的銷售方法對吧？

客戶：對！我想做出一套銷售劇本。不然厲害的銷售員都很忙碌，我自己也不知道訣竅，所以才來請教專家，而不是自己土法煉鋼。

業務：沒錯！做出一套管用的銷售劇本，未來就有改進的依據，也可以提升成交率和營收。

客戶：聊著聊著，我好像越來越有拚勁了！一定要讓所有員工都掌握銷售訣竅！

業務：其他客戶也說，我們的方法不是籠統的精神論，而是明確指出銷售劇本有哪些地方要改進。用對方法，職場氣氛也變好了呢！當然時代會變，消費者的喜好和競爭對手也會與時俱進。因此，銷售劇本永遠有改進的空間。啊，對了，日後營業額漸趨穩定，您有什麼計畫？

客戶：我想加緊拓展據點，一開始先以國內為目標！

業務：這願景不錯！

客戶：還有，我想提升員工的福利，順便辦一些慰勞或旅遊活動，讓大家工作起來更開心、更有幹勁！

業務：很好很好，打造安心的工作環境，這構想真棒！

……簽約指日可待。

第二章總結

- 製作銷售劇本有三大要點。
- 要點一：先試著做出來就好，不要力求完美。
- 要點二：做出來的銷售劇本，要合乎「消費心理」。
- 要點三：持續改進銷售劇本。
- 針對具體的客戶製作銷售劇本，不要做太抽象、太普遍的內容。
- 好的銷售劇本，要兼顧「形式」和「內容」。

第三章

銷售劇本第一階段：發展人際關係

何謂發展人際關係？

不管推銷什麼商品，都要先從人際關係做起。

發展人際關係講起來很簡單，但到底該怎麼做呢？

一般提到發展人際關係，不外乎保持親切的態度，或是表達你的感同身受等。但這些純粹是發展人際關係的「方法」。

其實重點如下。

一、你要發展怎麼樣的關係？

二、你希望彼此的關係到達何種層次？

三、有效發展人際關係的方法爲何？

四、發展人際關係的最終目標是什麼？

請想像一下。

擁有發展人際關係的能力，你就能打開對方的心房，朝發掘需求和刺激欲望的階段邁進。

如果你有能力在短時間內和陌生人建立起親密的交情，你想這是多大的優勢？

這種能力會幫你發展歷久彌新的人際關係。

讓我們一起來掌握這個祕訣。

試著建立醫生和患者的關係

一般人對銷售員都沒什麼好印象，好像銷售員只會用強硬的手法賣東西，或是用巧言令色的方式騙你花錢。

事實上，推銷商品不需要強硬的手段，對待客戶也不用太做作。

頂尖業務員和客戶的理想關係，簡單說有點類似「醫生和患者的關係」。

例如，你發燒去醫院看病，醫生完全不診斷你的症狀，還臭屁斷言你只是感冒，然後直接開藥叫你滾，請問你做何感想？一定不相信那個醫生對吧？大概心裡會抱怨，診治病人親切一點會死喔？

反之，如果醫生的姿態過低，還苦苦哀求你一定要乖乖吃藥，應該也會擔心藥物沒有效吧？你一定會想找個更有自信的醫生看病。

若患者真的需要服用藥物，醫生就該發揮專業的自信，鄭重說明服藥的必要性。

換句話說，我們希望醫生（專家）具有「專業性」，以及「親切和熱忱」。

客戶對業務員（專家）的要求其實也一樣。

當客戶懷疑自己是否需要你推薦的商品，就該保持親切的態度，聆聽客戶的問題，提供親切的分析。有必要的話，請發揮專業的自信，提供你的建議。

其實醫生和患者的關係，說白了，就是滿懷熱忱的專家善待外行人。

專家必須充滿自信。

你站在客戶的角度想一下就明白了，你想跟一個沒自信的銷售員買東西嗎？

業績不好的銷售員，就是沒自信才業績不好。業績不好，自然沒有自信。

這是很可怕的惡性循環。

很多銷售部門的主管，都會提供以下建議：

「你講話要有自信。」

老實人聽到這種建議，反而無所適從。

業績就已經不好了，哪來的自信？

那該如何是好呢？很簡單。

「表演」出有自信的樣子就好了。

你就想像自己是知名影星，正在扮演一個頂尖業務員。

反正是演戲，也不算是刻意欺騙，你沒有必要受到良心的苛責。

客戶想看到你的「自信」和「覺悟」。

銷售員需要以下四種自信。

一、對自家公司的自信。

二、對自家商品或服務的自信。

三、對職業（推銷行爲）的自信。

四、對自己的自信。

你推薦給客戶的商品，是不是打從心底喜歡？還是說，爲了養家活口才勉強推銷你不喜歡的商品？請先反問自己這個問題。

等確定自己有這四大自信後，請很有自信地告訴對方：

「我相信敝社的商品、服務很適合您，請務必給我們效勞的機會！」

有些人對販賣或推銷行爲有種內疚的感覺，實在拿不出信心。這時候要告訴自己，**要不要購買商品是客戶的自由，你只是以專家的身分，提供對方好的資訊罷了**。

換句話說，要站在專家的角度，熱心推薦好的商品。

切記，提議成交前務必建立起醫生和患者的關係。否則，一提議成交，對方只會覺得著了你的道，不願意再跟你交心。這下就註定失敗了。

一聽就是內行人的說話方式

要建立專家服務外行人的關係，最有效的方法是**提出一個好問題，讓對方一下子就能了解你的專業強項**。

你：先生，您聽過△△人氣女星嗎？

客戶：咦？聽過啊。

你：其實，她是我們的客戶。

客戶：是喔，真厲害！

上述的對話是某間牙科實際慣用的話術，他們的齒列矯正服務要價百萬日圓，但成交率高達九八％。如果你是營建業者，也可以舉對方耳熟能詳的建築爲例。重點在於，要用自然的方式表達強項。反之，太過直接的炫耀並不好。

你：△△人氣女星是我們的客戶喔，厲害吧！

客戶：……是喔。

這種態度光聽就不討喜對吧？因此，要用提問的方式，自然地表達你的強項。

深化信賴關係的簡單手法

你是不是很困擾，不曉得該如何贏得客戶的信賴？

基本上，人際關係講究兩個要點。

①了解客戶的狀況（**立場**）**和感覺**（**動機**）→**情感理解能力**。

②站在客戶的立場，體會客戶的感覺→情感代入能力。

我來分別解說一下。

①了解客戶的狀況（**立場**）**和感覺**（**動機**）

要對客戶的狀況感興趣，好比他們的生平、看重的事物（信念）、煩惱、夢想等。這樣才算真正「了解」你的客戶。

曾經有個植髮沙龍的推銷員，跑來找我商量一個問題。

「我向一個二十多歲的青年推銷療程，他來自沖繩，在名古屋的工廠上班，想回老家就讀專校，考取公務員。我們談得很愉快，所以我不懂爲何他不願意簽約。」

我的回答如下：

「簡單說，你沒有深入了解客戶的狀況（立場），因此無法發展眞正的人際關係。這就是簽約失敗的原因。

「如果他是你的小孩，你一定會關心他，深入了解他的狀況，對吧？好比他爲何要遠離家鄉前往名古屋？他在什麼樣的工廠上班？工作辛不辛苦？他想就讀何種專校？想成爲哪種公務員？他的煩惱是什麼？夢想又是什麼？」

那位推銷員悟性不錯，一點就通。他終於明白自己的問題在於沒有深入了解客戶。

如果你重視客戶，一定會對客戶的狀況感興趣。

家人就會出於關懷，打聽彼此的狀況。

我的意思是，你要把客戶當成很重要的對象，實際去了解他的狀況。如此一來，就能理解客戶的感覺。

順帶一提，演戲也是一樣的道理。

演技拙劣的演員，只會試著重現當下所需的情緒。

可是，用這種方法不可能把戲演好。

優秀的演員會努力理解角色的狀況，好比角色的生平、背景、煩惱、痛苦、夢想、目標等。

做到這一點，自然能表現出角色的情緒。

②站在客戶的立場，體會客戶的感覺

首先，請想像客戶的背後有一道拉鍊，就好像客戶穿著布偶裝一樣。然後，請拉下那道拉鍊，進到客戶的身體裡面，試著用他的角度和觀感來看事情。

你要先讓客戶覺得，你比任何人都了解他。之後，再根據客戶的狀況（立場）和感覺（動機），提出適合他的方案。
以下介紹幾個簡單的方法供各位參考。

用簡單手法建立良好的人際關係

行為		感情
增加接觸的次數	→	讓客戶感受到親近感
閒聊（新聞或氣象）	→	讓客戶放鬆
凝視客戶的眼睛，點頭稱是	→	讓客戶覺得你很有自信
表達你的感同身受（尋找共通點）	→	讓客戶覺得你很了解他
慰勞客戶	→	讓客戶覺得你是站在他那一邊的
稱讚客戶	→	讓客戶高興
認同客戶	→	讓客戶有被認同的感覺
展現笑容	→	讓客戶覺得有被接納的感覺
相視而笑	→	讓客戶開心
營造特別的氣氛（特殊活動）	→	讓客戶覺得備受禮遇
共享祕密（主動自我揭露）	→	讓客戶覺得你們有特別的關係
展現好感	→	讓客戶覺得你對他有好感
尊敬客戶	→	讓客戶感受到你的尊重
猜出客戶心中所想	→	讓客戶覺得你和其他銷售員不同

投契分三個層次

我們只願意聽自己喜歡的對象說話，好比推心置腹的朋友或值得信賴的人。反之，我們不會去聽討厭的對象說什麼，尤其是那些不值得尊敬、不想交心的人。

人際交往很講究「投契」。

做銷售這一行的人都聽過這個觀念，但眞的要你說明，你也不太明白對吧？

想必大家也不好意思問，我就先說明一下何謂投契。

投契（rapport）一詞源自法文，本來是指「建立關係」的意思。

後來引申爲心意相通，或建立起親密的信賴關係。

投契分三個層次。

• 第一層：FOR YOU「爲你付出」。

• 第二層：WITH YOU「和你在一起」。

• 第三層：IN YOU「與你同化」。

接下來分別解說這三個層次。

• 第一層：FOR YOU「為你付出」

不擅長推銷、對推銷商品有罪惡感的人，多半以爲推銷是損人利己的事情。

當你覺得推銷是爲了賺錢、爲了公司，在說明時就會有罪惡感，無法發揮自己眞正的實力。

你要改變觀念，推銷是爲客戶著想。當你覺得推銷商品是在幫助對方，說詞就會有說服力了。

‧第二層：WITH YOU「和你在一起」

這不單是指物理上的相伴，不管客戶發跡或落魄，都該提供精神上的支持。

也就是所謂的富貴不能淫、貧賤不能移。

WITH YOU「和你在一起」，指的正是這樣的心理狀態。

不管客戶開心還是痛苦、發跡還是落魄，你都要提供精神上的支持，守護客戶的成功和幸福。

如果真的重視客戶，想跟客戶一起掌握成功和幸福，就請秉持這份心意，邀請客戶跟你一起打拚。

‧第三層：IN YOU「與你同化」

要是你在銷售這一行已經做出一番成績，或者你是治療師、心理諮商師，應該能理解這種感覺。

所謂的 IN YOU 就是「一體化」。

舉例來說，就好像你在母親子宮內的感覺。當然，一般人都不記得那種感覺，只是要你體會一下那種安心感。那是一種非常強大的安心感。

那麼，你和客戶要如何培養出安心感？

詳情容後表述。

不可或缺的閒聊能力

「閒聊」是發展人際關係的一大要素。

日本的銷售人員很重視閒聊，閒聊甚至被喻爲「談生意的起步檔」（駕駛手排車要先從低檔起步，比喻閒聊乃是談生意的基礎）。

我們之所以需要閒聊，理由在於對話同樣不能缺少「起步檔」。

閒聊的目的有二。

- **讓客戶放鬆**。
- **建立信賴關係**。

就算你們見面的目的是談生意，對方可能也會擔心你會不會用話術欺騙他。

況且一見面就推銷商品，人家會認爲你不夠意思，只想賣東西而已。

沒有閒聊這個過程，你很難讓客戶放鬆，更遑論良好的信賴關係。

當然，有些客戶不喜歡閒聊，你也不是每次都有時間閒聊。閒聊也要看情況，但通常是必要的。

比方說，找企業主談生意時，不妨聊一下在路上看到生意興隆的商店，或是剛蓋好的站前大樓等。用商業觀點發表見解，人家自然會覺得你很有見地。

再舉個例，你挨家挨戶推銷商品，一進人家家門，要稱讚所有看得到的東西，這樣對方才願意聽你說話。

客戶是有錢人，你就談一點投資或奢侈品的話題；客戶是年輕女性，就談一些偶像或時尚的話題。要事先準備好客戶感興趣的話題。

換句話說，**看一個銷售員閒聊，就知道他的水準在哪**。

假如你是不動產仲介，專門做有錢人的生意，你該準備什麼樣的閒聊內容？我認識一個酒店小姐，加入不動產公司才三個月，就成為頂尖的房仲。以下是她告訴我的故事。

「一般的房仲去客戶家拜訪，都會稱讚寵物很可愛。但他們都言不由衷，心裡嫌棄那些寵物骯髒，也不敢摸。其實，這些舉動客戶都看在眼裡。

「我跟他們不一樣。

「我不只稱讚寵物可愛，還會抱起來，讓牠們舔我的臉頰，普通的女房仲不會做到這個地步。

「寵物喜歡上我以後，下次我再去客戶家，牠們就會跑來找我玩。有的寵物看到我，還開心到漏尿呢。

「看到自己的寵物開心，客戶心情自然大好。

「要博得客戶歡心，是有訣竅的。」

站在客戶的立場思考就會明白，今天有一個人很疼愛你的心頭肉，相信你也會對那個人有好感吧？

爲了建立良好的關係，銷售高手在閒聊時連這一點都考慮到了。

建立投契關係的技巧一：鏡像行爲

這一行多年來流行一個說法，建立信賴關係這種行爲，又叫「和客戶跳舞」。

你在咖啡廳看到感情不錯的情侶或好朋友，會發現他們在同一時間舉杯喝茶，甚至連外觀和穿搭品味都很類似。

當兩個人關係夠親密，外觀和氛圍也會變相近。

因此，銷售這一行爲也有類似的技法，就是用巧妙的方式模仿客戶的動作，藉此提升彼此的契合度，這是非常有效的手段。

當你在介紹商品時做出和客戶相同的動作，等於有意無意地傳達一個訊息：我對你深表認同，而且對你很有好感。

這是銷售手法的一環，像這種刻意模仿對方的動作，提升彼此契合度的手法，銷售心理學稱之爲「**鏡像行爲**」。

各位知道《課長島耕作》（作者弘兼憲史）這部漫畫嗎？這是一部超人氣商業漫畫，全系列銷量高達四千萬冊。

《課長島耕作》有趣的地方，當然是看主角一步一步邁向成功了。不過，主角很擅長用鏡像行爲來建立信賴關係。

課長島耕作是一位超級商務人士，不只功成名就，還很受女性歡迎。

他是如何功成名就？又是如何贏得芳心？

主要是他有很好的溝通能力。

漫畫中有一個很知名的橋段是這樣的。

島耕作招待貴賓去吃高級料理。貴賓不懂餐桌禮儀，喝湯的時候發出了很大的吸吮聲。

你們知道島耕作幹了什麼嗎？

他也一起發出很大的吸吮聲。

這就是鏡像行爲。

而且是非常需要勇氣的鏡像行爲，因爲一般人會在意旁人的目光。

不可否認的是，使出如此巧妙的鏡像行爲，可以在無形間帶給對方極大的安心感。事後對方領悟你的貼心，一定會非常感動。有一個溝通能力這麼好的上司，部下也一定願意效犬馬之勞。

還有一個橋段是這樣。

島耕作招待某位社長吃飯，社長喝高級紅酒時，發出很大的聲音。

接下來，島耕作怎麼做呢？

相信各位都猜出來了。

他也模仿那位社長，發出很大的聲音喝酒。

「咕嚕咕嚕咕嚕咕嚕。」

這就是鏡像行爲。

向客戶推銷時，你需要鏡像行爲來達到戰略性的溝通效果。

不過，使用鏡像行爲要留意一點。

在介紹商品的時候，不要太刻意模仿客戶的動作。否則，敏銳的客戶一看就知道你在玩把戲，反而不會有好感。

請用自然的方式模仿對方的動作，好比隔一拍（或一個呼吸）再模仿。或者，看到對方蹺二郎腿，你就做個十指交扣的動作也行。

配合對方「眨眼」則屬於高級技巧。

一般人眨眼都沒想太多，其實可以刻意配合對方眨眼。而且這種配合眨眼的技巧，大多數人都看不出來，算是鏡像行為的大絕招。

當你挨家挨戶去推銷商品時，若不懂這些推銷技巧，做起來就會事倍功半，非常辛苦。因此，請務必學好鏡像行爲。

建立投契關係的技巧二：同步

再來介紹「同步」。

所謂的**同步，就是配合對方的狀態或說話方式**。

有些人不懂得設身處地替別人想，講話也沒有顧慮到對方，這種溝通方式根本無法心意相通。

比方說你情場失意，去找朋友談心。

你：我昨天跟喜歡的人告白，結果被打槍了。

朋友：這世上還有一堆異性等你，不要難過了，打起精神來吧！

聽到這種話，你做何感想？

是，理智上你知道對方說得對，你是應該打起精神，但在情感上一定會認爲，這個朋友根本不體諒你的心情。

那好，改成下面的對話再來看一遍。

你：我昨天跟喜歡的人告白，結果被打槍了。

朋友：被喜歡的人打槍，肯定很難受吧？我懂。告白是很需要勇氣的行為，你已經很了不起了！

聽到這種回覆，你會怎麼想？

是不是覺得這個朋友很善解人意？

這就是同步。

善用同步技巧，對方才願意聽你說話。

尤其打電話推銷的時候，你看不到對方，無法使用鏡像行爲。

同步是電話銷售不可或缺的技巧。

具體來說，你要配合下列五大要素。

①說話方式。

②狀態。

③呼吸。

④情緒。

⑤思維、信念。

不配合就難以產生共鳴。沒有心靈上的共鳴，人家就不願意聽你說話。

再來深入解說這五大要素。

①配合對方的說話方式

- 速度：對方講話慢，你就慢慢說；對方講話快，你就快快說。
- 聲音大小：對方講話大聲，你就大聲；對方講話小聲，你就小聲。
- 音調高低：對方音調高，你就高；對方音調低，你就低。
- 節奏：對方節奏快，你就快；對方節奏慢，你就慢。

• 語氣：對嬰兒講話，就要用哄小孩的語氣。

②配合對方的狀態

• 氛圍：看對方是否開朗、是否沉靜。

• 情緒：看對方是否亢奮、是否失落。

③配合對方的呼吸

• 節奏：觀察對方的肩膀或腹部一帶，保持同樣的呼吸節奏。

④配合對方的情緒

• 迎合對方的喜、怒、哀、樂等情緒。

⑤配合對方的思維和信念

• 配合客戶對工作、兩性、人生的看法。

當對方發現你們有共通點，潛意識就會對你有好印象。

接下來講解同步的「精髓」。

要達到潛移默化的同步效果，該從哪方面下手才好呢？

答案是「呼吸」。

古時候的日本人認爲，呼吸合拍代表兩個人默契十足。沒有受過銷售訓練的客戶，看不出來你刻意配合他的呼吸。

呼吸這種事簡單到誰都會，而且還能刻意改變節奏。因此刻意配合對方呼吸，有潛移默化的同步效果。

理論看懂了，記得實際練習一下。

我經常告訴部下和學員，搭電車是很好的練習機會。

比方說通勤時坐在電車上，是最適合訓練的時機。你一坐上位子，就仔細觀察前面乘客的呼吸，試著配合對方的節奏。

講起來很簡單，實際做起來是有點難度的。

尤其對方產生明確的情緒反應時，呼吸也會有變化，你要仔細觀察那變化。訣竅是觀察呼吸的位置和速度。先看對方的脖子、胸口、肩膀一帶，觀察其呼吸的速率，試著配合對方的呼吸。

你要用同樣的部位、節奏、韻律來呼吸。

然後，體會一下自己的情緒有什麼樣的變化。

你感受到的就是對方的情緒，不要用技巧去感覺，請試著用「心靈」去體會。

不過，有一點要特別留意。

一直盯著對方猛瞧，人家會覺得你是怪人。

所以，請用眼角餘光觀察，再慢慢配合對方的呼吸。

事實上，這套技巧練得太高明也有壞處。我有位學員是女性，她就是在坐電車時練習。

她同步的對象是位中年男子。練習完呼吸同步的技巧後，她到站下車，不料那位大叔也跟她在同一站下車。

起初她以爲只是偶然罷了，結果大叔離開車站還是緊隨在後，嚇得她拔腿就跑。當時是深夜，她是眞的被嚇到了。

如果你察覺對方有問題，不想繼續同步的話，就要刻意打斷呼吸的連結，趕緊消除同步的效果。

也許你不想用這樣的技巧，但難保對方不會對你使用。受制於人是很不利的，所以好歹要熟悉一下知識。

建立投契關係的技巧三：回溯法

所謂的「回溯法」，就是複誦一遍對方說過的話。

複誦對方說過的話，用意是讓對方知道你有認眞傾聽，這就是回溯法的效果。

使用回溯法複誦對方說過的話，人家也沒辦法反駁你什麼。

比方說——

A：我昨天去了迪士尼樂園！

B：原來你去了迪士尼樂園啊。

A：騙你的，其實我沒去。

想當然，這種對話不可能發生。按常理思考，應該是這樣才對。

A：我昨天去了迪士尼樂園！

B：原來你去了迪士尼樂園啊。

A：沒錯！玩得很開心喔。

這才是正常的對話發展。

因爲你是複誦對方說的話，一定會獲得正面的回應。

不過，只會一味複誦是沒效果的，搞不好人家還會覺得你很煩。

還需要搭配一點銷售技巧。

回溯法共分五個層級。

- **層級一：重述事實。**
- **層級二：重述情感。**
- **層級三：換個說法。**
- **層級四：歸納重點。**

•層級五：重述信念。

接下來個別說明每一層級。

•層級一：重述事實

對方：「昨天我跟男友第一次約會，一起去迪士尼樂園！好開心喔～」

你：「第一次約會就去迪士尼啊！真好。」

•層級二：重述情感

對方：「昨天我跟男友第一次約會，一起去迪士尼樂園！好開心喔～」

你：「第一次約會很開心啊！恭喜囉～」

•層級三：換個說法

對方：「昨天我跟男友第一次約會，一起去迪士尼樂園！好開心喔～」

你：「你們的感情總算是開花結果了！真好！」

‧層級四：歸納重點

對方：「昨天我跟男友第一次約會，一起去迪士尼樂園！好開心喔～」

你：「在迪士尼第一次約會，看起來玩得很開心耶！」

‧層級五：重述信念

對方：「昨天我跟男友第一次約會，一起去迪士尼樂園！好開心喔～」

你：「妳之前說過，你們想談一場相知相惜的戀愛嘛！」

這就是回溯法的五大層級。

不要只會傻傻複誦對方說過的話，善用不同層級的技巧，人家會覺得你有認真聆聽，而不是敷衍了事。

層級越高難度也越高，請各位平常勤加練習。

順帶一提，在使用回溯法的時候，要特別留意一點。**你必須掌握對話的關鍵，代入對方的情感。這裡所謂的關鍵，是指對方「眞正的動機」或「最重要的理由」**。

比方說，對方提到昨天去迪士尼樂園玩的經歷。

請問，複誦的重點應該放在「昨天」，還是「迪士尼樂園」？

A：昨天我去了迪士尼樂園喔。

B：是喔，妳去了迪士尼樂園啊。一定很好玩吧～

按常理思考，複誦的重點要放在迪士尼樂園才對。

不過，如果你沒弄清楚對話的關鍵，雙方的對話看起來就會變這樣。

A：昨天我去了迪士尼樂園喔。

B：是喔，妳昨天去玩喔！

對方會覺得你根本搞錯重點。

別懷疑，很多人都有搞錯重點的毛病。

因此，要弄清楚客戶的談話重點到底是什麼。

只要弄清楚客戶眞正的購買動機，就有機會簽下客戶；反之，沒弄清楚的話，你就會失去客戶。很多業務員只顧著夸夸其談，講述自家產品的優點，到頭來反而讓客戶失去購買意願。

每個人的行爲背後都有眞正的動機。

那麼，該如何了解眞正的動機？

平常就要多加思考，在什麼樣的時機下，用什麼樣的立場和話術，你會被打動。

關鍵在於深入了解人心。

請養成習慣，在日常生活中好好體會，久而久之就有這種能力。

要關心客戶，技巧才有意義

各位，你有興趣了解自己的客戶嗎？

有一次我開設銷售講座，一位叫慶子（二十多歲女性）的學員跑來找我商量：

「加賀田先生，我的工作是販賣 iPad 那類的平板電腦。

「我在推銷商品的時候，有些客戶已經擁有平板電腦了，所以不需要多添購一部。至於沒有平板的客戶，也說有手機和桌上型電腦就夠了。

「我每個月的業績都不穩定，繼續用以往的方式推銷商品，業績大概也不會有起色。所以我想提升自己的成交率。」

於是，我向慶子小姐打聽她的客戶訊息。

加賀田：您的客戶都是什麼樣的人呢？

慶子小姐：大多是四十多歲到五十多歲的男性。

加賀田：四十多歲到五十多歲的男性中，那些已經有平板電腦的人，他們過去的購買動機是什麼呢？

慶子小姐：啊！這我完全沒想到！

加賀田：是不是您對中年男子根本就不感興趣呢？

後來，幾位中年男性學員也加入對話。

男性①：「我也有平板電腦喔！我已經老花眼了，手機的字體太小，看不到啊。」

男性②：「我跟酒店小姐交換**LINE**，用手機會被老婆抓包，所以買了平板電腦。」

男性③：「現在企業主管都用平板電腦管理行程啊。」

大家提出了各式各樣的意見。

那位販賣平板的學員是二十多歲女性，說穿了她根本就對中年男子不感興趣，這才是問題的癥結。

因此，你要先對自己的客戶感興趣，這一點非常重要。

如果你沒興趣了解客戶，學再多技巧也無用武之地。

請設身處地替對方著想，想像一下自己是客戶的背後靈就對了。

具體的方法是，想像你跟客戶站在同一個角度，然後附身在客戶的身上。

- **對方過著什麼樣的生活？**
- **對方有哪些煩惱？**
- **什麼事情會讓對方感到開心？**
- **對方假日做些什麼？**
- **什麼事情會讓對方感到難過？**

請徹底站在對方的立場去體會這些問題。如此一來，就能掌握客戶「真正的需求」。

善用「邏輯層次」的概念，讚賞對方的信念

假設現在有兩個部屬讚美你。

一個讚美你的手錶很帥。

另一個讚美你是最棒的上司和人生導師，跟你一起工作是他三生修來的福氣。

請問，你覺得哪一種比較動聽？

當然是後者，對吧？

我們用心理學的論述來闡明箇中原理。

這可以用「邏輯層次」來說明，邏輯層次是一種自我認知的架構模型。

人類的意識主要分爲五大層次。

邏輯層次

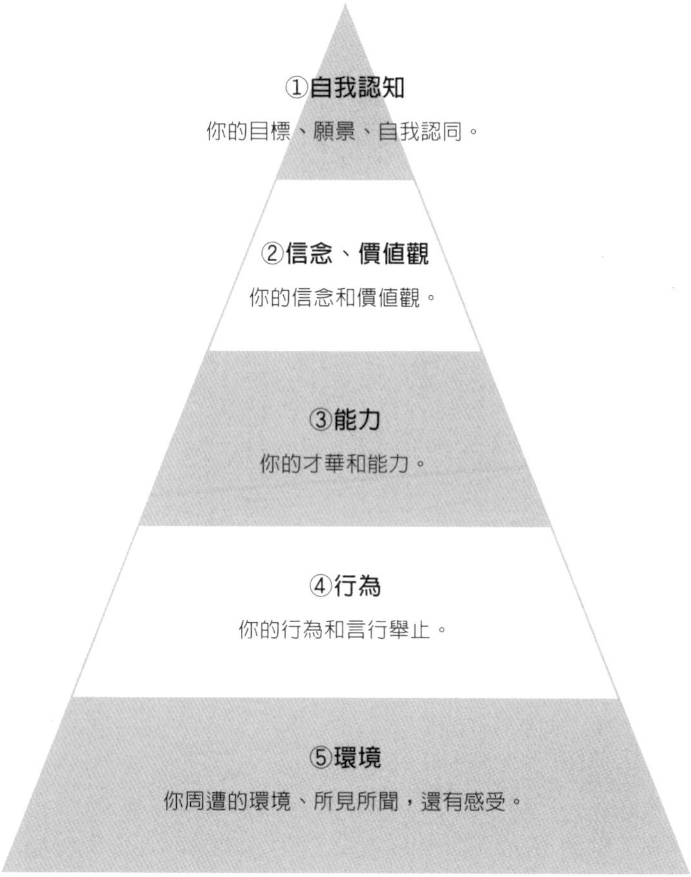
①自我認知
你的目標、願景、自我認同。
②信念、價值觀
你的信念和價值觀。
③能力
你的才華和能力。
④行為
你的行為和言行舉止。
⑤環境
你周遭的環境、所見所聞，還有感受。

要提升對方的自我價值感，得針對合適的層級來應對。

比方說，你該稱讚對方的行爲，還是稱讚對方的能力？稱讚對方的價值觀和信念會不會更有用？稱讚不同的層次，會得到截然不同的效果。

①自我認知層次：您眞是了不起的人！

②信念、價値觀層次：您的工作觀眞是有見地！

③能力層次：您的交涉能力眞優異！

④行爲層次：您的工作表現眞棒！

⑤環境層次：您任職的公司很不錯呢！

當我們的自我認知和信念獲得讚美，就會感到非常開心。

你必須仔細觀察客戶，才有辦法了解對方的信念和價值觀。稱讚信念和存在價值是最困難的技巧，眞的說中對方的心坎，他會非常感動。

來談一下我個人的經驗好了。

我之前擔任業務經理，除了關注業績以外，也傾注很大的心力建構一套銷售系統，來改善部下的成交率。從中長期的角度來看，成交率慢慢有了起色。跟過去相比，業績有了飛躍性的進展。

不過，老闆和上司並沒有注意到我的用心。

他們只對亮眼的業績感興趣。

好在，有位我特別關照的部屬，看穿了這一點：

「加賀田經理眞的好厲害，您做出了前所未有的改革措施。成交率也大幅提升了，您身爲專業經理人的本事，實在令人肅然起敬。」

我的努力從來沒有人發現，更沒有人稱讚過。現在有部屬注意到了，還不吝讚賞我，我眞是爽到飄飄然。

由此可見，稱讚信念層級確實有效，尤其稱讚工作觀更是效果卓絕。

A：B先生，請問您從事什麼工作呢？

B：我經營不動產公司。

A：真厲害！原來您是開公司的！請問開多久了呢？

B：差不多三年了吧。

A：是這幾年才創業的啊！順便請教一下，您之前是做什麼的？

B：在不動產公司做房仲。

A：原來是這樣！創業一定很辛苦對吧？您為什麼想創業呢？

B：我只是想試試看自己有多大的本事。

A：這種挑戰精神太了不起了！

B：還好啦，多謝讚美。

工作觀是每個人都有的一套哲學，稱讚工作觀難度並不高。尤其創業家幾乎都會談到創業的想法，還有扭轉經營危機的事蹟。因此，要稱讚對方的信念，請務必稱讚他的工作觀。

聚焦客戶的「隱藏之窗」和「未知之窗」

各位聽過「約哈里之窗」嗎？這個論述認爲人心有四道窗，分別是「開放之窗」「盲目之窗」「隱藏之窗」「未知之窗」。這是心理學家約瑟夫．魯夫特和哈里．英漢創立的論述，也能應用在銷售上。

- **開放之窗：自己和外人都了解的自我。**
- **盲目之窗：自己不了解，但外人了解的自我。**
- **隱藏之窗：自己了解，但外人不了解的自我。**
- **未知之窗：自己和外人都不了解的自我。**

	自己了解的自我	自己不了解的自我
外人了解的自我	**「開放之窗」** 自己和外人都了解的自我。	**「盲目之窗」** 自己不了解，但外人了解的自我。
外人不了解的自我	**「隱藏之窗」** 自己了解，但外人不了解的自我。	**「未知之窗」** 自己和外人都不了解的自我。

頂尖業務員會把注意力放在哪幾個層面上呢？

首先，要聚焦在隱藏之窗。

每個人都有一些說不出口的「祕密」「煩惱」「痛苦」。

如果，你眼前的銷售員理解你的祕密、煩惱、痛苦，你認爲會發生什麼事？雙方將建構出無可取代的人際關係，你會把對方視爲與衆不同的存在。

再來，要聚焦未知之窗。

所謂的未知之窗，就是連客戶自己也沒察覺的「潛意識（另一個自我）」部分。你要說動客戶的潛意識（另一個自我），聆聽潛意識（另一個自我）的吶喊。

「你（客戶）値得更好的！」

「你（客戶）値得用我們的商品，過上幸福的生活！」

在推銷商品時，切記要聚焦在這兩點上。

發展人際關係的三大目標

本章介紹了發展人際關係的具體方法和思維。

最後來談一下發展人際關係的目標。

我追求的目標主要有三大項。

【目標一】

- 讓客戶覺得你很了解他，跟其他銷售員不一樣。
- 讓客戶主動告訴你（銷售員），他有哪些不爲人知的煩惱（而這些煩惱，可能跟你要賣的商品或服務有關）。

【目標二】

- 發掘客戶自己也沒注意到的潛意識（另一個自我），聆聽潛意識的吶喊，說到客戶的心坎裡。

• 讓客戶知道他值得更好的，他（客戶）有權用你的商品獲得幸福。

【目標三】

• 讓客戶願意聽你說話，而且是心甘情願聽你說話。

請各位善用前面介紹的技巧，努力達成這三大目標。

當你達成這三大目標，你和客戶就能發展出眞正的人際關係，往下一個階段邁進。

第三章總結

- 建立醫生和患者的關係。
- 發展投契的關係。
- 讓客戶覺得你很了解他，和其他銷售員不同。
- 讓客戶主動告訴你，他有哪些不爲人知的煩惱。
- 讓客戶願意聽你說話，而且是心甘情願聽你說話。

第四章

銷售劇本第二階段：發掘需求和刺激欲望

需求和欲望的差異

接下來我要教你的，是頂尖高手不輕易傳授的祕技。你在其他相關書籍上，大概也看不到類似的手法。現在，就傳授各位發掘需求的訣竅。

首先，請搞清楚需求（必要性）和欲望的差異。

「我牙齒痛，想去看牙醫。」

請問，這句話當中哪一個要素比較強烈？

當然是需求（必要性）對吧？

牙齒痛必須去看醫生，這是緊急而必要的處理項目，因此歸類爲需求。

「我想要一輛賓士／法拉利。」

請問，這句話當中哪一個要素比較強烈？

如果你只是要代步工具，購買便宜的國產車就能滿足需求（必要性）了。你會想要賓士，代表你嚮往有錢人的身分，希望得到女性的崇拜。這就屬於欲望。

以往的銷售書籍都教我們先找出客戶的需求，然後刺激他們的欲望。

不過，**我的方法不光是找出客戶的需求，還要深入發掘需求，同時刺激欲望。**

做到發掘需求，成交率會提升二〇～四〇％。

我要教各位的就是這套方法。

其實「銷售劇本」的理論核心，就在發掘需求（讓客戶見識地獄）的技法中。

普通的推銷方式

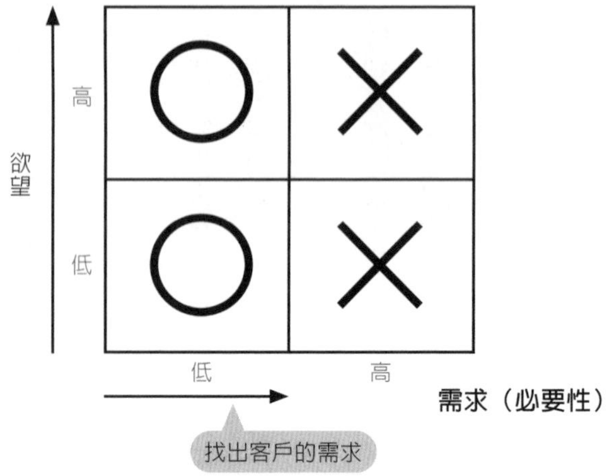

銷售劇本的理論

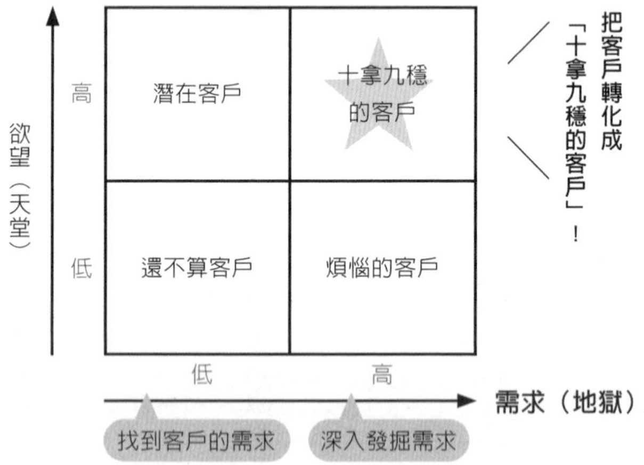

「需求商品」和「欲望商品」的推銷方法不同

發掘需求就是讓客戶「見識地獄」，刺激欲望則是讓客戶「看見天堂」。

實際操作起來沒那麼簡單，但我們就用一些單純的練習題，方便各位了解發掘需求和刺激欲望的差異。內容跟第二章的劇本範例一樣，請接著看以下說明。

【練習題】

你是一家顧問公司的業務員。

你要向ＩＴ新創企業（資本額一千萬元，每年營收二十億元，員工人數一百人左右，已經創業七年）的經營者，推銷你們公司的講座。

該怎麼從發掘需求銜接到刺激欲望？

你：現在貴公司業績蒸蒸日上，在業界也闖出一番名堂了呢！

客戶：哈哈，也沒有啦。其實呢，我們碰到不少問題，所以才想請你指點迷津。

你：也對，公司一口氣成長太快，也會產生一些無可避免的問題。通常一家公司對銷售人才有四大講究，包括雇用、培育、評鑑、調度，請問貴公司是哪個環節出了問題？

客戶：銷售人員的培養速度，趕不上公司的成長速度啊。

客戶的需求出現了，再來你要這麼說。

你：明白了。大家平日忙於各種業務，沒時間教育新人嘛。

客戶：沒錯！底下的人都忙著達成業績目標，連製作教範的時間也沒有。

你要用這種方式，找出客戶的需求。

你：那好，我了解貴公司的難處了。照這樣看，頂尖銷售員和新人的業績，一定有很大的差距對吧？

客戶：是啊，就是你說的那樣。頂尖銷售員業績非常好，剛進來的新人缺乏經驗，商品都賣不出去。

不要一找到客戶的需求，就馬上推銷自家商品，否則你會錯失眼前的客戶。接下來，要繼續深入發掘客戶的需求。

你：人才無法徹底發揮，確實是很可惜的狀況。假設貴公司有十位銷售員，其中一位頂尖銷售員的業績是一百萬，剩下九人掛蛋的話，那整體業績就只有一百萬。如果每個人都能創造六十萬的業績，就算沒有頂尖高手加持，整體業績也有六百萬嘛！

你要用這種方式來講。

你：我們另一位客戶，跟貴公司是同一個產業的。那位客戶也說，他旗下的頂尖銷售員生病，結果業績大幅衰退呢。

客戶：真的是這樣沒錯！我們公司的頂尖銷售員之前也生病，公司整體的業績衰退很多呢。

你：您的狀況我明白了！那請您居安思危一下，若繼續依賴頂尖銷售員撐業績，公司會面臨何種風險呢？

客戶：照你剛才的說法，各成員間的業績落差太大，這是一大風險。還有，整體的業績可能大幅衰退，到時候也無望拓展據點了……

你：沒錯，只靠少數菁英撐局面，業績太不穩定。要拓展新據點，風險又太大。萬一競爭對手跟麥當勞一樣，發展出一套有系統的銷售手法，來搶占市場大餅呢？

客戶：我就是擔心這個！其實，現在就有其他競爭者急起直追！

要像這樣繼續發掘客戶的需求。

你：這樣啊，那情況不樂觀呢！既然競爭對手急起直追，他們的業績繼續成長，貴公司將面臨何種困境呢？

客戶：當然是業績越來越差啊。

你：那業績變差會怎麼樣呢？

客戶：你是什麼意思？

這裡非常關鍵。

當你一直深入發掘客戶的需求，對方可能會想逃避現實，畢竟一般人都不願意去想像負面的情況。眼看客戶快要逃避現實，你要將他的思緒拉回來。

你：我們要從風險控管的角度思考這個問題，才能避免最壞的情況發生嘛。

客戶：業績變差，公司自然賠錢啊。

你：對，那一直賠錢會怎麼樣？

客戶：賠錢只好壓縮經營成本，最壞的情況下，可能得裁員吧……

我是用最簡單的方式，說明發掘需求的方法。實際執行起來不會這麼容易，總之你要用這種方式去發掘需求。

你：公司下裁員令，也會打擊員工士氣嘛。

客戶：對啊……

你：優秀員工看苗頭不對，肯定會跳槽去其他公司，只剩下能力不佳的員工。

客戶：光想就害怕。

你：公司一直賠錢，優秀員工都跑光了，下一步呢？

客戶：搞不好會倒閉吧……

繼續發掘需求吧，你要讓客戶見識地獄。

你：對，您想到的是公司倒閉。但公司跟銀行借錢，應該是社長個人作保對吧？公司一旦倒閉，社長也將宣告破產。到時候，為了避免給家人添麻煩，您可能得先跟老婆離婚。當然，也有獨自承擔破產後果的方法，真的發展到那個地步，您猜會怎麼樣？

客戶：呃，可能會自暴自棄，生活過得亂七八糟，連工作的心力也沒有吧？搞不好還得申請救濟金。最後也不留下隻字片語，一個人偷偷自殺。

你：是啊，這種狀況確實很糟糕。底下的員工也有家人要養，公司倒閉以後，他們的下場又會如何呢？

客戶：員工也有家庭，有的年輕員工才剛貸款買房，我可能會害他們一家人日子過不下去吧？

你：他們日子過不下去，就會埋怨您和公司高層。到時候，情況會如何？

客戶：我已經想不出來了。

你：如果不得不想呢？

客戶：也只好請他們自力救濟，畢竟我也沒辦法了，只能用餘生補償他們吧。

你：那要如何補償呢？

客戶：我現在想不出具體的方法。

你：您一定不希望事情發展到那個地步吧？

客戶：當然不想，我不想讓他們看到我落魄的模樣。

接下來，就可以確認客戶的需求。

你：怎麼說呢？

客戶：員工幫我很多，我自然也想報答他們。

你：您是真心這樣想嗎？

客戶：當然是。

再來，你要讓客戶說服自己。

你：為什麼員工對你如此重要呢？

客戶：我對他們有責任。

你：也對，您平常就很重視人情義理嘛！

三番兩次詢問客戶真實的想法，從邏輯上來看並不自然，需要很大的勇氣才說得出口。

不過，這麼做是爲了讓客戶下定決心，改變未來可能發生的困境。所以，以推銷手法來說，詢問客戶真實的想法是對的。

當然了，實際對談不會如此單純，我只是彙整重點告訴大家。

好，接下來你要刺激欲望。

先用發掘需求的方式，讓對方知道自己即將大難臨頭，必須盡快做出改變。之後，再帶領對方上「天堂」。

你：企業有社會責任。貴公司的商品和服務精良，應該讓更多人知道才對。

客戶：沒錯！就是這樣！我必須保護員工和他們的家人！我有責任的！

你：好！那您打算製作銷售劇本，訂立一套有系統的銷售方法，對吧？

客戶：對！我想做出一套銷售劇本。不然厲害的銷售員都很忙碌，我自己也不知道訣竅。所以才來請教專家，而不是自己土法煉鋼。

你：沒錯！做出一套管用的銷售劇本，未來就有改進的依據，也可以提升成交率和營收！

客戶：聊著聊著，我好像越來越有拚勁了！一定要讓所有員工都掌握銷售訣竅！

你要用類似的方法刺激欲望，讓客戶看到美好的願景。先用發掘需求的手法，提示未來可能發生的困境；當客戶想要擺脫困境，再提示一個美好的未來。

你：其他客戶也說，我們的方法不是籠統的精神論，而是明確指出銷售劇本有哪些要改進的地方！用對方法，職場氣氛也變好了呢！當然時代會變，消費者的喜好和競爭對手也會與時俱進。因此，銷售劇本永遠有改進的空間。啊，對了。日後營業額漸趨穩定，您有什麼計畫？

客戶：我想加緊拓展據點，一開始先以國內為目標！

你：這願景不錯！

客戶：還有，我想提升員工的福利。順便辦一些慰勞或旅遊活動，讓大家工作起來更開心、更有幹勁！

你：很好很好，打造一個安心的工作環境，這構想真棒！

看完上述的對話，各位應該有具體的概念了吧？一般的銷售業務不懂得深入發掘需求，所以客戶也不會認真看待自己的困境，你要深入發掘客戶的需求。

現在你應該明白，發掘需求有多重要了吧？

接下來，我會告訴你發掘需求的七大原則。

發掘需求的七大原則

發掘需求講究七大原則。

發掘需求的第一原則：客戶的痛苦你要感同身受

在我們的觀念中，人生有三大轉折。

分別是公司倒閉、抵抗病魔，還有犯法入獄的時候。人類必須經歷這種極具衝擊性的事件，才願意眞正改變自我。

假設現在有A和B兩位醫生。

A醫生：您有糖尿病，應該要治療比較好喔。

你：我不太想吃藥，不吃藥沒關係吧。

A醫生：沒關係啊。

三個月後，你去看B醫生。

B醫生：你得了糖尿病！再這樣下去會死！你要馬上吃藥！

你：三個月前，其他醫生跟我說沒問題啊。

B醫生：胡扯，三個月前你就應該積極治療了！搞不好你眼睛也有出血現象，明天立刻掛眼科檢查，知道嗎！另外還要買血糖機隨時監測。

你認爲A醫生和B醫生，誰才是好醫生？

當然是B醫生了。

A醫生可能根本不在乎病患死活。

B醫生非常關心病患的問題，就像在關心自家大事一樣，所以才會苦口婆心勸人治療。

一般人看到小問題根本懶得改進，你要講得非常嚴重，他們才願意行動。

把客戶的問題當成自己的，才有辦法眞心關懷對方。

發掘需求是推銷的關鍵，不深入發掘需求，客戶是不會改變的。代替客戶深入發掘需求非常重要。

發掘需求的第二原則：一定要激起客戶的決心

「就跟你說我想改變了！所以才來找你，請你幫我想想辦法啊！」

簡單說，你要講到客戶再也沉不住氣，這才是發掘需求的訣竅。

不要光聽客戶說什麼，還要觀察對方的表情。

用普通的方式對話，很難達到發掘需求的效果。因此，做到這個地步才眞正有效。

發掘需求的第三原則：要先培養人際關係，才有辦法發掘需求

爲什麼大多數銷售員都不發掘需求？

因爲，如果你不先培養良好的人際關係，用這一招會顯得非常失禮。

客戶可能會惱羞成怒，嫌你多管閒事。

假設你有個認識多年的摯友。

眞正的好朋友，會說一些別人不敢說的眞話。

否則又怎稱得上眞正的朋友？

只要打下深厚的感情基礎，就算你說出難聽的眞話，對方也會欣然接受。

所以，在發掘需求之前，需要先打好人際關係。

發掘需求的第四原則：先發掘需求，再刺激欲望

我再舉兩個醫生的例子，讓各位感受一下順序的差異。

A醫生：我們一起努力治療吧。只是，你的X光片有一塊陰影，可能是嚴重的癌症。

B醫生：你的X光片有一塊陰影，可能是嚴重的癌症。不過，我們攜手合作一定治得好！讓我們一起加油吧。

請問哪一位醫生的話，可以激起病人的求生意志？

當然是B醫生了，因爲他先讓病人害怕，再賦予病人希望。

反之，A醫生一開始先講好話，之後才以恐懼相脅，這絕對會打擊病人的意志。

發掘需求的第五原則：千萬不要說謊，說謊會反受其害

說謊是絕對不可以的，不論銷售技巧好壞都該遵守這個基本原則。

因此，你必須眞心喜歡自己的商品和服務，眞心喜歡你的客戶。說謊會降低說服力，而且總有一天會反受其害。

發掘需求的第六原則：銷售的目的是要讓客戶遠離風險

醫療保險這種東西，健康的人都認爲自己不需要。

可是，萬一身體出狀況了，沒有醫療保險會承受很大的經濟負擔。

也不光是保險如此，銷售員的工作是讓客戶「居安思危」，而不是一再以現狀相脅。

發掘需求的第七原則：要引起客戶的興趣，而不是單方面說個不停

假設有兩個推銷員在賣化妝品。

先來看A推銷員的說詞。

A推銷員：我想您應該有很多肌膚上的問題吧，好比暗沉、皺紋、雀斑等。請問您比較在意的是什麼呢？

客戶：呃，我沒有……不用麻煩了！

再來看B推銷員。

B推銷員：雖然我是來推銷化妝品的，但您的肌膚真是天生麗質、吹彈可破！而且您長得美豔動人，一定很受異性歡迎對吧？對了，請問您有什麼肌膚上的煩惱嗎？

客戶：我哪有你說的那麼漂亮（笑）。其實，我也有一些暗沉或雀斑需要處理。

當你發自內心稱讚客戶，客戶就會用靦腆的態度，主動透露需求。

如果你用A推銷員那種方式，劈頭就說出損人的話，客戶只會惱羞成怒。

反之，好言稱讚，對方就會變得靦腆又謙遜。這就好比前面推銷講座的業務員，先稱讚新創公司的老闆業績大好，老闆便主動告知問題所在，謙遜地向他求教。

用稱讚的手法可以有效引出客戶的需求。

以上就是發掘需求的七大原則，請務必牢記。

掌握客戶的具體狀況

接下來介紹編排銷售劇本時要顧慮的幾大重點。首先，你要掌握客戶的具體狀況。

「針對特定的客戶編排銷售劇本」，請用這樣的典型範例來思考一下。實際對談的時候，請事先上網路或社群平臺了解客戶的狀況。

例如：

- **對方的事業。**
- **業績。**
- **企業標語。**
- **願景。**
- **其他競爭對手的動靜。**
- **業界動向。**

查清楚以後，再來推測客戶可能會碰到哪些問題。

【案例】

- 銷售顧問公司的潛在客戶（ＩＴ新創企業）。
- 資本額一千萬元，每年營收二十億元，員工人數一百人左右，創業七年，ＩＴ業界。
- 課題：該公司業績迅速成長，積極雇用有經驗的銷售人才。無奈公司缺乏可以舉辦內部研修的人才，因此員工離職率居高不下。

你在實際去拜訪客戶之前，就要先想好幾個問題：

「客戶可能面臨哪些煩惱？」

「你可以提出什麼方案？」

事先調查客戶的資料，再準備好這些問題的答案。

換句話說，你要了解客戶的特性。

確認客戶的需求

再來，要配合目標客群，進行「確認需求」。
這麼做的用意，是讓客戶發現自身的問題。
就以剛才推銷講座的業務員爲例。

業務：通常一家公司對銷售人才有四大講究，包括雇用、培育、評鑑、調度，請問貴公司是哪個環節出了問題？

客戶：公司雇了優秀的人才，可惜做不久就跑了。平常大家業務繁忙，也沒時間舉辦內部的研修課程，或許就是留不住人的原因吧。

業務：對啊，可能公司花了一百萬到一百五十萬打招募廣告，也聘請到了優秀的人才。可是缺乏完善的教育制度，人家很快就不幹了嘛。（確認需求。）

關鍵在於，你要多提出幾個需求（客戶可能有的煩惱），而且這些需求必須讓客戶察覺自身的問題所在。

如果你只提出一點，難免缺乏說服力。

比方說，當我們挑選用餐地點的時候，一定會考量味道、價格、氣氛、地點等。

所以，確認需求也請以三項為要。

用問題來發掘需求

這是最關鍵的部分。

當你試圖說服客戶，對方一定會心生反感。請先發掘需求，找出客戶需要什麼吧。

有些人可能對這套技巧沒有好感，感覺好像在恐嚇客戶一樣。事實上，**真正的發掘需求和恐嚇是不一樣的。推銷的目的，是讓客戶居安思危，而不是一再以現狀相脅。**

繼續看上一個案例。

業務：如果缺乏人才培育的制度，雇用的員工都做不久，久了會發生什麼事呢？

客戶：就只好繼續雇用新人了。

業務：辛辛苦苦砸下大筆廣告費用，也雇到優秀的人才，結果一下子就跑光了。這種狀況一直持續下去，您認為誰會受影響？說句話您別見怪，您是負責人事業務的，肯定會受到牽連對吧？（客戶是人事負責人，讓他想像一下自己被下放或炒魷魚的風險。）

客戶：對，之前社長在會議上，就要我趕快想個辦法。

客戶以爲職員跑了再雇用新人就好。照這個方向談下去，也很難發掘需求。所以業務員要稍微轉移一下目標，挖掘出對方「可能失勢」的風險。

順帶一提，實際和客戶對談的時候，你不見得每次都能用提問的方式發掘需求。因爲某些情況下，客戶根本沒辦法回答你的問題。

這種情況要搬出第三者的故事說服客戶。你要讓客戶知道有人遭遇了重大困境，說出這個故事是爲了避免他重蹈覆轍。

比方說，保險業務員在訴說保險的必要性時，要說一些第三者的故事，來達到發掘需求的效果。具體範例如下。

跟您說一個小家庭的故事。丈夫剛剛離職自立門戶，而且還有妻小要養。

不料，某天那個一家之主突然過世了。

偏偏他又沒有買保險。

太太只好拚命工作賺錢養小孩。

可是，遺孀補助（六萬五千元）加上打工的費用，全都拿去還丈夫的債了。

最後根本沒留下什麼錢。

小兒子（小智）升上小學六年級時，學校舉辦校外教學。

那位太太連吃飯錢都快付不出來，根本付不起校外教學的費用。

最後，學校舉辦校外教學的那三天，小智只好一個人孤零零地待在空蕩蕩的教室裡自修。

校外教學的最後一天晚上，媽媽哭著對小智道歉：

「小智，對不起。媽媽沒錢讓你參加校外教學，都怪媽媽沒用，對不起。」

小智哭著回答：

「媽，不要哭啦。我沒關係，反正我本來就喜歡念書。我會努力念書的，妳不要哭了。」

二人相擁而泣。

其實，那位太太是我的好朋友。

她丈夫去世之前，我就有勸他們要買保險。

可是，丈夫始終沒有買。

他的理由是，他才剛出來創業，身上還有一些債務，沒有多餘的錢買保險。

結果現在走到這一步，我真的非常後悔。

要是我當初堅持要他們買保險，也等於幫了他們一把。

那位丈夫有買保險的話，心愛的妻子和小孩也不至於吃這麼多苦。

保險其實是我們對家人的「愛」，是把我們的「愛」化為實際保障的一種手段。

因此，你需要花錢付出你的關愛，以免讓家人受苦。

如何？

聽了第三者的故事，客戶也比較能感同身受吧？

用問題確認需求和決心

再來是「確認需求和決心」。

先用發掘需求的方式，讓客戶見識到未來的困境，激發他們想要改變的決心。到了這個階段，再確認他們是否有其他煩惱。

同樣來看一下推銷講座的案例。

・確認解決問題的決心

業務：聽了您剛才的說法，我想您對公司的現狀也深感憂慮。不過，您真的有（很強的）決心想要改變現狀嗎？

客戶：當然有！

業務：怎麼說呢？

客戶：我想公司還是大有可為吧。

關鍵在於，你要反覆確認客戶是否眞的有心改變，並且激起對方的決心。這才算確認決心。

・確認需求的提問（問清楚客戶是否有其他問題）

業務：您還有其他疑慮嗎？

客戶：我們公司也缺乏考評制度。

如果沒事先確認清楚，等到最後要簽約的階段，客戶可能會發現其他問題（或是反駁你的論述），最後功敗垂成。

因此，請先把所有可能的「問題（反駁論述）」找出來。

要做到什麼地步才算成功發掘需求？

發掘需求有兩大目標——

一、**緊急度（要立刻改變！）**。

二、**重要度（要認真改變！）**。

你可以從客戶的言談中，得知是否達成這兩個目標。例如，當你聽到客戶迫切地想要改變現狀，並且向你求助，就算達成目標了。

除此之外，還有一個判斷方式。

那就是「測度」。

所謂的測度，就是用言語以外的方式，判斷對方的心理狀態。

最明顯的就是表情，另外還有姿勢、呼吸速度、音調、說話速度等。

比方說，你在提議成交的時候，也許客戶嘴上說好，但表情和語氣不太情願，就可以判斷成交率可能高不到哪去。

測度有三大重點。

一、**視覺訊息：表情、眼神、姿勢、點頭方式。**

二、**聽覺訊息：說話方式、說話速度、說話節奏。**

三、**感覺訊息：氣氛是否歡快？對方是否有熱忱？氣氛是否低落？對方是否冷靜？**

你要提升測度的能力，從各方面觀察對方的心理狀態，這樣成交率才會高。

這套方法，不是想用就能用。

關鍵在於勤於觀察他人，所以平日要多多練習。

用這種方式刺激客戶的欲望

成功發掘需求以後，接下來要刺激欲望。刺激欲望的技巧，我稱爲「甜言蜜語」。你要讓客戶想像一下，購買你的產品和服務有哪些好處。

刺激欲望也有三大重點。

•重點一：讓客戶想像一帆風順的未來

你要讓客戶產生鮮明的想像，這一點非常重要。

引導客戶想像一個美好的未來，就能提升對方的購買欲望。

同樣來看推銷講座的案例。

業務：公司只要引進研修制度，留住優秀的人才，生產力也會提高。長此以往，您認為前景如何？

客戶：一定很不錯啊。

業務：對了，另一名客戶告訴我，他的人事業務辦得有聲有色，老闆還加他薪水呢！老婆聽到他加薪，也笑得合不攏嘴喔！

- **重點二：嚴守話術的順序**

一定要先發掘需求（讓客戶見識地獄），再來刺激欲望（讓客戶看見天堂）。這是不能打破的原則。

如果你先刺激欲望（讓客戶看見天堂），再來發掘需求（讓客戶見識地獄），反而會打擊客戶的意願。

- **重點三：聚焦原因**

對話是有分「層次」的。

WHY：爲什麼？

HOW：怎麼做？

WHAT：做什麼？

差勁的銷售員只顧著介紹商品的優點。

換句話說，他們只顧著說明HOW（怎麼做）和WHAT（做什麼）。

頂尖的銷售員會把重點放在WHY，也就是向客戶說明購買商品的必要性何在。

「爲什麼您該購買這些商品和服務呢？」

↓

「因爲您（客戶）值得用這些商品和服務，讓自己過上更好的生活。」

這才是你要聚焦的重點。

對了，大家經常問我，刺激欲望要做到什麼程度才夠。

標準很簡單。

請回想一下你談戀愛的經歷，有時候想起心儀的對象，會睡不著覺對吧？有些戀愛會讓人沖昏頭。

同樣的道理，不讓客戶沖昏頭，他是不會簽約的。

你要讓對方一想到你（你的商品或服務），就激動得睡不著覺，靜不下來。

客戶變成這樣的狀態，就算達到刺激欲望的標準了。

嘗試性提案

前面介紹了銷售劇本的第二階段，也就是發掘需求和刺激欲望。不過，在進入第三階段介紹商品之前，還有一大要素絕對不能忽略。

那就是「嘗試性提案」。

先進行嘗試性提案再介紹商品，才是正確的步驟。

大多數的銷售員都不希望自己提議成交的時候，惹客戶不開心。

不想惹客戶不開心，關鍵就在於嘗試性提案。

沒先嘗試性提案就要求簽約，只是在強迫推銷罷了。

一般來說，所謂的嘗試性提案就是取得客戶的保證。例如客戶答應你，只要你的商品能滿足他的需求（煩惱）和欲望（希望），就願意購買。我個人對於嘗試性提案的定義不太一樣。我認為在推銷的各個階段，向客戶確認是否可以繼續往下談，才是真正的嘗試性提案。

比方說，在介紹商品之前，要先這樣嘗試性提案。

業務：剛才聽完您的說法，您希望解決心中的憂慮（問題），得到一個美好的結果對吧？那麼接下來介紹的商品，您不需要的話我也絕不勉強，有沒有興趣先聽看看呢？

重點是要先取得對方的同意，再接著往下講。其實這段話可以說得更精簡。

「您不需要的話我也絕不勉強，有沒有興趣先聽看看呢？」

這種說法也沒問題。

請各位思考一下，直接提議成交和先做嘗試性提案差在哪裡？

沒嘗試性提案，直接提議成交，你認爲客戶會怎麼想？

人家搞不好會覺得你太強硬，才剛聽完說明，你就逼他買東西了。

一旦客戶產生這種想法，你認爲接下來他會怎麼想？

沒錯，**客戶會開始思考拒絕的理由**。

他在聽你說明的時候，不會考慮自己是否需要你的商品，而是在思考該怎麼拒絕你。

這時候客戶會想很多拒絕的理由，可能會懷疑你公司的誠信，或是討厭你用強硬的推銷手法，甚至否定自己對商品的需求。

反之，**先嘗試性提案，讓客戶知道你不會強迫推銷，而且隨時有權拒絕，他才會認真思考是否需要你的商品**。

因此，有沒有先嘗試性提案，會大幅影響客戶的意願，嘗試性提案是絕對必要的。

除此之外，嘗試性提案還有另一層含義。

業務：接下來介紹的商品，您不需要的話我也絕不勉強，有沒有興趣先聽看看呢？

客戶：好啊。

這段話背後的含義是——

業務：如果您有需要，那我們成交可好？

客戶：好啊。

等於客戶下意識答應與你成交。

如何讓客戶馬上做決定？

很多業務都有一大煩惱，嘗試性提案對於解決這個煩惱很有幫助。

什麼煩惱呢？就是**客戶不願意馬上給結論**。

當你跟客戶談到最後，對方說還要考慮看看，你還得多費一道工夫，用化解反駁的技巧翻盤。所以身爲銷售業務，最不想聽到的就是「我再考慮看看」。

那該怎麼做才好呢？

答案就是，**用嘗試性提案請客戶馬上做決定**。

來看以下的例子。

業務：先生，您剛才說不盡快改善公司的問題，公司很有可能撐不下去。（用發掘需求的手段，讓客戶想到最壞的狀況。）

我想，您應該是真心想要改變現狀的。當然，凡事求快未必是好事，但真的有心改變的話，就要立即起而行（購買）。其實要維持現狀也無所謂，只是我希望您可以趁這機會，給我一個明確的答覆。

這段話的用意在於確認。**你等於是在告訴客戶，如果不嫌棄的話，請購買我司的商品或服務，不然至少馬上給個明確的答覆**。

有基本道德良知的客戶，只要在這階段表明購買的意願，就不會在最後簽約的關頭說「我要再考慮看看」。

用這種方式確認，客戶才會認眞思考自己是否眞的需要你的商品或服務。

少數情況下，有的客戶在你確認購買意願後，明明也表示願意購買了，結果到最後關頭又打退堂鼓。

這時候，因爲客戶自相矛盾了，銷售業務在心態上便能握有主導權。

當然，你也不用太咄咄逼人，指責對方出爾反爾。

我的意思是，你在心態上占有優勢。

這也是保護銷售業務（你）心理健康的重要關鍵。

假如你已經嘗試性提案，對方卻說他只是來聽一些建議，這時候提議成交是不會成功的。

那怎麼辦？再次打聽客戶的煩惱？還是該終止對話？事實上，嘗試性提案也可以當作判斷的指標。

嘗試性提案有各種說法和強度。

業務：先生，不好意思，還有其他客戶等著聽我的說明。礙於公司的指示，我也沒辦法一直對您做同樣的說明。

因此，接下來您聽完以後，要是不嫌棄的話，還請馬上參考看看。當然，您不喜歡的話拒絕也無妨，這樣好嗎？

假設你的客戶是大老闆，可以這樣說。

業務：企業經營者和一般員工不同，做出正確的決定才是您的工作。而您確實是了不起的經營者，所以方便的話，還請您馬上做出決定。

也有普通一點的說法。

業務：如果您不需要我司的商品或服務，大可拒絕無妨。那麼，您願意聽看看嗎？

這是在介紹商品優點之前，最單純的嘗試性提案。

請好好琢磨嘗試性提案的銷售劇本。

第四章總結

- 要深入發掘需求，不要只是點到為止。
- 發掘需求的第一原則：客戶的痛苦你要感同身受。
- 發掘需求的第二原則：一定要激起客戶的決心。
- 發掘需求的第三原則：要先培養人際關係，才有辦法發掘需求。
- 發掘需求的第四原則：先發掘需求，再刺激欲望。
- 發掘需求的第五原則：千萬不要說謊，說謊會反受其害。
- 發掘需求的第六原則：銷售的目的是要讓客戶遠離風險。
- 發掘需求的第七原則：要引起客戶的興趣，而不是單方面說個不停。
- 要讓客戶急於購買你的商品，刺激欲望才算成功。
- 發掘需求和刺激欲望都做到了，再來要進行嘗試性提案。

第五章

銷售劇本第三階段：介紹商品

介紹商品的完美公式「FABEC」

接下來要講的是「FABEC公式」，這可是介紹商品的金科玉律。

這套方法是美國開發的，美國是研究銷售技法的大國，因此「FABEC公式」有很高的實用性。

- F：FEATURE（特色）。
- A：ADVANTAGE（優點）。
- B：BENEFIT（好處）。
- E：EXPLANATION（說明）。
- C：CONFIRMATION（確認）。

FABEC是由這些單字的字首組成。

使用這套公式介紹你的商品，自然會有絕佳的說服力。那麼，接下來就個別說明每一個要項。

FEATURE（特色）和ADVANTAGE（優點）

先來談一下FEATURE（特色）和ADVANTAGE（優點）的差異。

顧名思義，「特色」是與眾不同的特點，「優點」則是與眾不同的優勢。用法如下。

- 這臺照相機的「特色」是有一定的重量，而且電池容量大。（特色）
- 這臺照相機的「優點」是電池蓄電力很強。（優點）

由此可知，在形容某一強項時會用「優點」。

再看下面的例子。

• 面試被刷下來的人，都有一定的「特徵」。（○）
• 面試被刷下來的人，都有一定的「優點」。（╳）

這就是「特色」和「優點」的差異。

總之要先了解的是，你提供的「特色」和「優點」未必符合客人的期望。

BENEFIT（好處）

再來談BENEFIT（好處）。

介紹商品能否符合客戶的需求和欲望，完全取決於這部分。

假設你培養了良好的人際關係，發掘需求（讓客戶見識地獄）和刺激欲望（讓客戶看見天堂）也做到了。然後在介紹商品的時候，你的商品和服務必須符合好處。

具體來說，有以下五種方法。

①把需求和欲望，轉化爲客戶的好處和利益。

②用數據清楚告知成效。

③讓客戶感受到極佳的使用效果。

④利用客戶的反饋。

⑤說出你自己使用商品的感想。

讓我們用一些例子來說明這五大要項。

①把需求和欲望，轉化爲客戶的好處和利益

特色：這棟房子有寬敞的客廳。

優點：這棟房子有寬敞豪華的客廳，很適合用來舉辦家庭派對。

好處：先生，剛才您說父母提供不少金援，所以想好好孝順兩位老人家。

　　只要您買下這棟房子，就可以找父母來含飴弄孫，辦個家庭派對共享天倫。他們一定會很高興！這個客廳可以帶給你們美好的回憶，讓您好好孝順父母！

你要用這種方式闡明買下商品的好處。把需求和欲望轉化爲好處，其實就是把打聽到的憂慮和願景，套用到商品介紹上。

②用數據清楚告知成效

假設你開了一家創業指導公司，光講自己多厲害是沒用的。要提出明確的數據。例如，有將近兩百位客戶接受你的指導後，短短三個月內就創下了七位數以上的營收。最後再補充，你提供的是一對一的指導和輔助。

③讓客戶感受到極佳的使用效果

實際讓客戶試用商品，他們才能確切感受到買下的好處。如果你是賣車的，就提供試駕服務；如果你是賣房子的，就提供看屋的參觀服務。請好好想一下商品可以提供怎樣的試用體驗。

④利用客戶的反饋

事先收集客戶的反饋，再加以應用，能夠彰顯出購買商品的好處。請事先收集客戶的感謝函，或是錄製一些客戶開心的影像。

⑤說出你自己使用商品的感想

假如你是賣保養品的，光是說保養品有多與衆不同，用了以後膚質會變多好是沒有用的。因爲這些話不是你個人的感想，欠缺說服力。

要加上自己的感想：

「這款保養品，添加了一種前所未有的特殊萃取物，而且是知名大學取得專利開發的新產品，真的很棒喔！

「我自己也有買來用，肌膚真的變很緊緻有彈性，而且還有一種晶瑩剔透的感覺！朋友都說我的膚質看起來像二十歲，還問我是不是交了男朋友呢！」

用這種方式表達自己的感想，你的介紹才會充滿魅力。

EXPLANATION（說明）和CONFIRMATION（確認）

說明相對簡單一些。

你在介紹商品的時候，如果客戶不懂爲何要買你的商品，就拉回特色、優點、好處，重新說明一次就好。

最後是CONFIRMATION（確認）。

也就是向客戶確認，對於商品介紹是否有任何疑問。

其實很接近嘗試性提案。

「請問您有什麼問題或疑慮嗎？」

「還是有什麼不明白的地方呢？」

請用這種方式，進行嘗試性提案吧。

商品介紹的具體範例

接下來，我們來看汽車銷售業務的範例（賣豐田的小客車）。

業務：這款小客車是油電混合車，裡面不只有汽油引擎，還有混合動力馬達。跟傳統的汽油車比起來，這款對引擎的負擔更小。

※說出與眾不同的地方（特色）。

客戶：原來如此。

業務：油電混合車最大的賣點就是省油，是其他車種的兩倍。所以，您可以省下大筆油錢。

假設您以前每個月的油錢是一萬元，現在只要五千元就好。每個月省五千，一年就省下六萬元喔！而且現在買節能車，還有各種減稅和補貼措施，算一算能省下十二萬到十三萬的費用呢！

※說出與眾不同的優點。

客戶：確實很棒呢。

業務：對啊，除了價格實惠以外，剛才客人您不是說，您住在恬靜的住宅區，害怕引擎聲吵到鄰居嗎？尤其晚上發動汽車的時候，引擎聲滿吵的對吧？而這款小客車是油電混合車，可以直接用馬達啓動，幾乎不會有聲音，您也不用擔心吵到鄰居。當然了，實際駕駛的時候也聽不到引擎聲，開起來又很順暢，可以享受兜風的樂趣。

您要試乘看看嗎？（一邊展示一邊介紹，之後提供試乘體驗。）

※打聽客戶的需求和欲望以後，將這兩個要素融入商品介紹中（好處）。

客戶：嗯，我確實想要一輛特別的車子。

業務：對啊！剛才您就有提到，想要一輛與眾不同的車子。所以，這輛油電混合車非常適合您。

過去大家都喜歡開高級進口車，但最近的有錢人都是買這種款式的車子，而不是賓士或BMW喔。

我問他們為什麼，他們說開油電混合車，可以顯示自己很有環保意識，懂得珍惜現有的環境。

因此，這輛車特別適合您這種內行人來開。

※如果客戶不懂為何要買你的商品，就拉回特色、優點、好處，重新說明一次就好（說明）。

業務：那您還有什麼疑問嗎？

※介紹商品後進行嘗試性提案（確認）。

客戶：沒有。

第五章總結

- 介紹商品就用「FABEC公式」，非常有效。
- F：FEATURE（特色）→與眾不同的地方。
- A：ADVANTAGE（優點）→與眾不同的優點。
- B：BENEFIT（好處）→符合客戶的需求和欲望。
- E：EXPLANATION（說明）→如果客戶不懂爲何要買你的商品，就拉回特色、優點、好處，重新說明一次就好。
- C：CONFIRMATION（確認）→介紹商品後進行嘗試性提案。

第六章

銷售劇本第四階段：提議成交

頂尖業務如何看待被客戶拒絕？

再來，我們談第四階段提議成交。

不擅長推銷的朋友，通常也是對這個階段感到棘手。

對提議成交感到棘手，一方面是不懂提議成交的技巧，另一方面是無法有效化解客戶的反駁（客戶的評估考量）。害怕提議成交的人，多半是出於這兩個原因。

化解反駁的技巧會在第五階段詳述。首先，對於被拒絕要先做好心理建設，這是提議成交時的重要關鍵。

先來看看所謂的拒絕是怎麼一回事。事實上，這是客戶在考驗你（銷售員）有多認真。

用談戀愛來比喻，各位就明白了。

請想像一下男性對女性告白的場景。

男性：我喜歡妳！

女性：真的嗎？

男性：我是認真的！

女性：不是說說而已？

男性：我喜歡妳很久了！

這是很自然的對談情境。

同理，客戶嘴上拒絕你，其實也是在考驗你有多認眞。

現在言歸正傳。既有的提議成交法，多半只注重「決策性的話術」，也就是想方設法逼客戶做決定。因此，銷售業務和客戶都承受莫大的壓力。

接下來我要教你的方法，則是「選擇性話術」，也就是提供選項給客戶自行決定。使用這樣的手法，雙方都不必承擔壓力。

使用「選擇性提議成交」，提供幾個方案給客戶選擇，雙方可以在毫無壓力的情況下完成交易，這是最新的提議成交技法。

提供選擇的五大步驟

接下來就趕快來學選擇性提議成交法。

說穿了，這套技法非常簡單。

• 步驟一：用很自然的方式提起預算的問題

有些客人可能對預算毫無概念，若一下子提出具體的價碼，萬一價格和對方的預算概念相差太多，就有失去客戶的風險，對方可能會嫌你的東西太貴。

因此，要事先點出預算的相關問題。

方法也很簡單。

如果你是賣房子的，就這樣說：

「關於這一帶的新建案，您大概知道價位是多少嗎？」

不妨用這種方式，打聽客戶的預算概念。

・步驟二：提供幾個選項給客戶選擇

過去提議成交大多以決策性話術爲主，所以銷售業務和客戶的壓力都很大。現在你要提供複數的方案，讓客戶選他喜歡的選項。

比方說，某項服務有三百萬、兩百萬、一百萬的方案，你讓客戶自己選擇哪一種。

・步驟三：先提高價的選項（事先查出對方勉強能接受的價碼）

提示價格的原則是，要先從高價的選項提起。

如果你提出的價格越來越高，客戶會擔心你推銷很貴的商品。最單純的方法就是，先從高價的方案講起。

・步驟四：讚美客戶的選擇並詢問理由（讓客戶說服自己）

假設客戶選擇了B方案，你要稱讚客戶做了明智的選擇。

接下來，要問他爲何這樣選。

客戶說出原因以後，你要再次稱讚客戶睿智，這樣對方就會相信自己的選擇是對的。

• 步驟五：預留殺價（或提供額外服務）的空間，讓客戶覺得自己賺到了

如果有殺價的空間，就拿來當作交涉的籌碼。目的是透過交涉，讓客戶享受到一種勝利的感覺。也不一定只有殺價能用，提供額外的服務也可以。

以上就是選擇性提議成交法的五大步驟。很簡單對吧？請務必嘗試看看。

選擇性提議成交法的具體範例

那好，我們從人才培訓機構的角度，來看選擇性提議成交法的範例。

業務：對了，企業用於培訓的成本，會因為人數、期間、培訓內容的不同而有差異。通常一年大概要花五、六百萬到一千萬不等。

※步驟一：用很自然的方式提起預算的問題。

客戶（人事負責人）：啊，原來人才培訓這麼貴啊……

業務：是的，這次是貴公司第一次舉辦培訓，一下子就用全套的培訓機制也不好，我特別準備了貴公司專用的試用方案。

客戶（人事負責人）：真是多謝了。

業務：重視〇〇的A方案要價三百萬元，重視●●的B方案要價兩百萬元，最基本的C方案一百萬元。

請問您覺得哪一個方案比較好？

※步驟二：提供幾個選項給客戶選擇＋步驟三：先提高價的選項（事先查出對方勉強能接受的價碼）。

客戶（人事負責人）：這樣啊，那我想還是A方案好了！

業務：您真內行！對了，為什麼您覺得A方案好呢？

※步驟四：讚美客戶的選擇並詢問理由（讓客戶說服自己）。

客戶（人事負責人）：我認為A方案比較適合我們公司的狀況。

業務：確實是這樣，我也認為A方案比較適合貴公司。那麼，這筆交易的消費稅就由我司來負擔。

※步驟五：預留殺價（或提供額外服務）的空間，讓客戶覺得自己賺到了。

客戶（人事負責人）：真的嗎？那真是太感謝了！

業務：那整套方案的施行時間，我提供兩個時間點給您參考，分別是○月○日和●月●日，請問您覺得哪一個比較好？

※步驟二：提供幾個選項給客戶選擇。

提供選項給客戶選擇以後，再來等簽約就好。

給客戶自行選擇，稱得上是提議成交法的技術性革新。

過去那些使用決策性話術的銷售業務，必須想方設法逼客戶做決定。由於手段太露骨，雙方都承受了莫大的壓力。

現在有了選擇性提議成交法，客戶可以選擇自己想要的，彼此都沒有壓力。

選擇性提議成交法的注意事項

這裡說明提議成交時的兩大要點。

• **要點一：提議成交會降低客戶的興致**

當你和客戶開始對談，只要按照「培養人際關係」「發掘需求和刺激欲望」「介紹商品」的步驟來做，就能提升客戶的購買意願。

可是，接下來在提議成交的階段，談到商品或服務的金額時，肯定會影響客戶購買的意願。

因此，一旦察覺客戶的購買意願下滑，不要自作聰明下指導棋，而是要再次刺激客戶的欲望，讓他知道購買商品的好處，重新提振購買的意願。

否則，在購買意願不振的情況下，客戶是不可能跟你簽約的。切記，談到後面要再次刺激對方的意願。

•要點二：客戶通常會選擇價格居中的選項

第二個要點是，當你提出上中下三種選項時，通常客戶會選擇中庸的那一個。所以，真正想推銷的商品，一定要擺中間。

請牢記這兩點，嘗試選擇性提議成交法吧。

提議成交應用篇①：動作式提議成交

再來介紹選擇性提議成交法的應用技巧。

首先是「動作式提議成交」。

方法很簡單。

客戶簽約的時候，把你的筆交給對方就好。客戶若收下筆，就代表他承諾簽約了。

這裡講究幾個重點。

重點一：動作要自然

如果遞筆的動作太急切，客戶反而會很緊張，所以動作要自然一點。

重點二：事先讓客戶看契約書

直接把筆遞出去，客戶可能會嚇一跳。

所以這一步的關鍵在於，在面談過程中，拿出契約書或申請書讓客戶看一下。

事先讓客戶看過契約書，對方才會認真思考是否要購買商品。

之後再搭配嘗試性提案的技法，在簡報過程剔除那些沒有認真考慮的客戶。

銷售業務不該把時間花在沒機會簽下的客戶身上。

重點三：講究細節

來講一個我失敗的經驗談，這跟動作式提議成交有關。

我以前還是菜鳥的時候，學到了動作式提議成交的技法。有一次，在提議成交的最後一個階段，把我的筆遞給客戶。

結果，客戶盯著我的筆，只說了一句：

「我再考慮看看。」

結果我就失去了那位客戶。

各位猜猜看，我做錯了什麼事？

我竟然忘記把筆芯轉出來！

這樣一件小事，就讓煮熟的鴨子飛了。

不要給客戶猶豫或思考的時間，否則就會發生這種風險。

俗話說得好，魔鬼就藏在細節裡。所以，請各位務必留意各項細節。

提議成交應用篇②：假設性提議成交・肯定暗示法

提議成交的基本思維是什麼，各位知道嗎？

答案就是「誘導」。

客戶沒用過你的商品和服務。

因此，就算他完全聽懂你的說明，也同意你說的好處，但面對未知的事物，有不安的疑慮是很正常的。因此，你需要誘導客戶。

頂尖業務員在提議成交時，會使用「假設性提議成交・肯定暗示法」。

所謂的**假設性提議成交，就是以客戶會購買爲前提，在無形中誘導對話的方向**。

請看以下的對話。

業務：請問商品何時寄給您比較好？

客戶：不然，請你禮拜六上午寄來。

如何，這樣的對話夠自然吧？

不過，萬一客戶在這階段還沒有表示購買意願，那該怎麼辦？

業務以客戶會購買爲前提來對話，通常客戶也不會給人軟釘子碰。有些客戶談到後來就這樣被說服了。

然而，這屬於比較強硬的話術。實際對談的時候，只適合用在那些還沒有表達購買意願的客戶身上。而且，這麼做只是確認他們的購買意願罷了。

接下來看一個反面教材。

業務：看樣子您似乎也能接受我司的方案，那請問您打算何時進行呢？

客戶：這個嘛。假設我真的要用你們的方案，下週開始比較好吧。

業務：好，這確實是不錯的時間點，那我們下週開始吧！

光看那句「假設我眞的要用你們的方案」，就該知道客戶的購買意願還不堅定了。因此在這個階段提議成交，註定會失去客戶。要再次用「發掘需求」「刺激欲望」「介紹商品」等銷售話術，重新刺激客戶的購買意願。

第六章總結

- 選擇性提議成交法步驟一：用很自然的方式提起預算的問題。
- 選擇性提議成交法步驟二：提供幾個選項（上、中、下）給客戶選擇。
- 選擇性提議成交法步驟三：先提高價的選項。
- 選擇性提議成交法步驟四：讚美客戶的選擇並詢問理由。
- 選擇性提議成交法步驟五：預留殺價（或提供額外服務）的空間。

第七章

銷售劇本第五階段：化解反駁

一定要事先想好如何化解反駁

再來介紹五階段的最後一步「化解反駁」。

提議成交以後，如果客戶說還要再考慮看看，相信你一定會很失望。沒有做好準備的人，大概會眞的乖乖等待客戶的答覆，最後失去成交的機會。遇到這種情況該怎麼辦呢？讓我們一起來學習一套神奇的技巧。

化解反駁有四大步驟。

• **步驟一：提出問題釐清客戶的疑慮**（**或反駁的意見**）

當客戶說想考慮看看，你不妨問清楚，他對哪個部分有疑慮。也就是釐清他到底想要考慮什麼。

• **步驟二：對客戶的反駁表示諒解，並予以稱讚，讓對方打開心房，專心**

聽你講話

假如客戶考慮的是價格問題，你要先表示諒解，然後稱讚對方有很好的金錢觀念，這樣客戶才會願意聽你講下去。

- **步驟三：提案**

你可以提出其他客戶的例子。比方說，其他客戶一開始也有疑慮，但幾經權衡下還是決定購買你的商品。

- **步驟四：說明客戶接受提案的好處（明確的購買動機）**

你要說清楚其他客戶當初購買的理由（好處）。

用這四大步驟化解反駁後，最後再提議成交。

接下來會詳細介紹每一個步驟。

化解反駁第一步：
提出問題釐清客戶的疑慮（或反駁的意見）

化解反駁的首要之務，是問清楚客戶處於何種狀況。

- **爲什麼客戶還要考慮？**
- **是錢的問題嗎（總金額太高，還是分期付款的金額太高）？**
- **跟時程（交貨期限）有關嗎？**
- **是不是有其他人反對（可能有其他決策者）？**
- **還是對產品本身有問題？**

如果你不知道客戶在考慮什麼，根本沒辦法解決問題。

你看我寫得好像很簡單，其實很多銷售菜鳥不敢問客戶這個問題。另一種狀況是，他們也不知道要問這個問題。通常他們聽到客戶說要再考慮，就意興闌珊地離開了。

換句話說，大部分的銷售業務甚至沒有嘗試化解反駁。

因此，你在跟客戶對談的時候，要先做好心理建設。客戶會猶豫或反駁你，都是理所當然的事情。

提問有幾個關鍵，記得用討喜溫和的笑容提問：

「您說還要考慮，可否透露一下您的考量爲何呢？」

請用這樣的方式提問。

只要培養良好的人際關係，客戶一定會告訴你。

化解反駁第二步：對客戶的反駁表示諒解，並予以稱讚，讓對方打開心房，專心聽你講話

遇到客戶反駁時，要先表達感同身受，讓對方敞開心房聽你說話。

化解反駁的第二步，就是**聽完客戶的反駁後表示「諒解」**。

「是啊，您的顧慮我懂。金額確實是一個大問題。」

「是啊，您擔心丈夫不諒解，這也情有可原嘛。」

「是啊，我也有過類似的經驗。」

請盡全力表達你的諒解。

然後，要稱讚客戶深謀遠慮。

「了不起！您有好好考慮CP值的問題呢！」

「買東西不忘顧慮家人，可見你們的感情很深厚！」

「懂得謹慎判斷，這是不可多得的優勢！」

你要用這種方式，認同對方的考量。

當客戶說要再考慮看看，絕對想不到你會給他好臉色看。

這時候反其道而行，稱讚對方的疑慮和考量，客戶才會敞開心房，認真聽你說話。

化解反駁第三步：提案

其實，你可能會遇到的反駁也沒幾種。

大致分爲以下四大類。

①不是眞的很需要。

②沒有急迫性。

③沒錢。

④價格太貴。

有些讀者可能會問，沒錢和價格太貴不是一樣嗎？事實上這兩種的反駁方式不同，詳情容後表述。

以下分別講解具體的應對方法。

①不是真的很需要

萬一客戶說他不需要你的商品，該怎麼辦？

根據消費心理學的論述，大約有八五％的消費者沒有明確的購買欲望。換句話說，**大部分的客戶可能有心改變現狀，卻不知道自己要什麼，或是應該怎麼做**。

這是客戶最常用的拒絕理由，也是最好處理的一種。

換句話說，你要回頭發掘需求。仔細發掘客戶的需求，讓他徹底了解商品的必要性何在。最好是讓客戶真的想要解決問題（重點是客戶認真的程度）。

人類多半害怕變化，所以關鍵在於，你要讓他們有心改變。

②沒有急迫性

萬一客戶說他不急，需要詳加考慮的時候，請思考該如何化解（破除對方的猶豫）。

客戶會用拖延戰術爭取時間，這是人之常情。沒有急迫性，也是客戶拒絕時很常用的一種回答。

也就是說，就算他看起來想買你的東西，也別被騙了。

那該怎麼做才好呢？

答案很簡單。

代表你發掘需求做得不夠徹底。

還記得發掘需求的目標嗎？

- **緊急度**（**要立刻改變！**）。
- **重要度**（**要認眞改變！**）。

你要仔細發掘客戶的需求，讓他急著想要改變現狀。可以搬出其他人的慘痛教訓，再次發掘客戶的需求。

如此一來，客戶就不會說他不急了。

接著，請嘗試性提案。

在提議成交之前，先用以下說法。

「先生，讓我爲您介紹一下本公司的服務。如果您覺得這項服務不錯，還請盡早把握機會！當然不喜歡的話，您大可拒絕無妨，這樣好嗎？」

萬一客戶說他不急著用，即使直接提議成交也不會成功。

遇到這種情況不要直接提議成交，而是要再次仔細發掘需求，確認客戶的緊急度（要立刻改變！）有沒有提升。

具體來說，先不要急著進展到下一個階段，你要反問客戶，繼續維持現狀有哪些缺點？站在風險管理的角度上，不改善現狀又有哪些風險？用這種方式就能化解反駁了。

③沒錢

一般銷售業務都認爲「沒錢」是很難處理的問題，根本無從化解。

可是，**當客戶承認他沒錢，就代表他在告訴你眞心話。換句話說，你培養**

了良好的人際關係。

不肯告訴你理由的客戶，才眞正難以化解。

請想像一下你身邊有重要的人罹患重病，必須立刻動手術。不動手術會危及性命。

這時候，有兩位醫生提供你選項。

- A醫生：手術費用一百萬元，成功率九九％。
- B醫生：手術費用十萬元，成功率一〇％。

請問你會找哪個醫生動手術？當然是A醫生對吧？

尤其事關重要對象的性命，砸鍋賣鐵也會籌一筆錢出來。換句話說，在情急的狀況下任何人都會想辦法籌錢。

因此，你要回歸發掘需求的階段。

- **讓客戶感受到急迫性（緊急度，要立刻改變！）**。
- **讓客戶不惜花錢（重要度，要認眞改變！）**。

重點是誘導客戶下定決心。

換句話說，客戶不是沒錢。這一點很重要，我再說一次，客戶有錢。你該努力推廣良好的商品和服務，不要雞婆擔心客戶的財力問題。事實上，有的客戶只是在測試你有多認真推銷商品。

舉個例子給各位參考。

業務：先生，那撇開錢的問題不談，您會想引進我們的服務嗎（想買嗎）？

客戶：想，當然想了（想購買）！

業務：那就對了！既然如此，我幫您處理具體的引進（購買）事宜！

最後這句話，展現出了你願意幫助客戶，幫他解決支付上的難關。

詢問支付方法並不困難。

「請問您要一次付清，還是分期付款呢？」

眞的沒錢的客戶，幾乎都會用分期付款的方式支付，你就推薦他們刷卡。推薦刷卡的理由如下。

- **可以簡化支付的相關手續。**
- **預防對方停止支付的風險。**

如果支付達到一定的額度，請委託信用卡支付平臺，開啓刷卡購物的功能。

不過，刷卡和分期付款要注意幾點。

- **你和客戶有足夠的信賴關係。**
- **客戶確實有意購買商品。**

這是一定要有的前提。

另外，太強硬的做法只是強迫推銷。不要忘了，永遠要替客戶著想。

以下兩個要點，請務必謹記在心。

- **要確認客戶有購買意願。**
- **支付有各式各樣的方法。**

④價格太貴

「價格太貴」和「沒錢」這兩個理由，經常被搞混。**沒錢是欠缺支付的能力，或是支付有些吃力的意思。至於價格太貴，可能是指商品或服務不值那個價錢。**

當然，客戶可能只是覺得東西有點貴，並沒有明確思考過理由。因此，一開始要先讓客戶釐清自己的想法。

當客戶抱怨價格太貴，代表你推銷的前半段沒做好。

基本上，要回歸前半段的聆聽階段，重新思考問題出在哪裡。

所謂的回歸前半段，意思是要再次聆聽客戶的想法，搞清楚他到底要什麼？

也許你的商品和服務，純粹不符合客戶的期望。所以，請再次仔細聆聽客戶的想法。

以下介紹具體的話術。

我曾經擔任某家企業的銷售顧問，在短短一個月內幫他們提升兩倍的業績。**你要用簡單易懂又令人印象深刻的方式，說出購買的「優點」，而不是介紹商品的特色。**

前幾天我買了一臺筆電。

價格大約四十萬日圓，以一臺筆電來說是有點貴。

店員的說明我越聽越迷糊，後來我直接打電話給動畫設計師，他給我的意見如下：

「加賀田先生，你買的不是普通的電腦，而是一臺編輯動畫的專業器材。你就當作自己雇了一個最優秀的動畫設計師。既然你是一流的專業人士，那就該用一流的東西。」

這話術了不起吧？我一聽就被說服了。

一般的銷售員在介紹商品時，根本說不到重點。事實上，客戶想知道的就只有一件事，那就是買你的東西有什麼簡單易懂的好處。

以人力銀行爲例，上大型人力銀行刊登求才廣告，短短半個月要價一百五十萬元。

客戶：一百五十萬喔，好貴！

業務：對，這價格是有點貴。可是老闆，這不是普通的求才廣告，你是要找自己的得力助手。

花一百五十萬元，就可以找到股肱之臣，帶動組織和業績成長，其實是一筆非常划算的投資。

當然，在告訴客戶購買的優點時，也必須說明商品的特色。

這一點很重要，我再重述一次。

當客戶抱怨價格太貴，你要用「簡單易懂又令人印象深刻」的方式，說出購買的「優點」，而不是一直介紹商品的特色。

化解反駁第四步：說明客戶接受提案的好處（明確的購買動機）

化解反駁的最後一步，說出「明確的購買動機」。你要告訴客戶，接受你的提案對他有哪些好處。

就算憑著三寸不爛之舌，說服客戶購買你的產品，客戶也未必心悅誠服。搞不好簽約以後還會反悔解約。

畢竟簽約之後，客戶的記憶無法維持太久。

你要給客戶一個單純的動機，讓他心服口服。否則，就算客戶一時興起跟你簽約，之後也很有可能解約。

要避免類似的情形發生，必須給客戶一個明確的動機，讓他相信購買商品是出於他本人的意志，而不是被你說服。

接下來就以房仲為例，來看一個推銷情境吧。

房仲：很多客戶常跟我提到經濟問題。請教一下，您聽過「史上最低利率」和「〇利率」這一類的字眼嗎？

客戶：有，加減聽過。

房仲：現在利率很低，要辦貸款也比較容易，買房很划算喔。在我們父母那個年代，大家都是趁景氣大好的時候存錢，準備好頭期款以後，就直接蓋一棟新的房子。

泡沫經濟時期的利率最高八．九％，假設貸款三千五百萬元，分三十五年償還，總共要還一億一千四百萬元！等於一半以上都是利息，超出原先的三倍以上！因此，就算你在泡沫經濟時期手頭寬裕，自備款不夠多也買不起房子！

假設你要買五千萬的房子，等於頭期款要準備一千萬才行！一般人要存到一千萬並不容易對吧？

客戶：對啊！

房仲：泡沫經濟時期的利率最高八．九％，假設三千五百萬元分三十五年償還，總共要還一億一千四百萬元，平均每個月要付二十七萬元！

不過現在號稱〇利率，是利率最低的時代。

現在利率才〇．五％，貸款三千五百萬元分三十五年償還，總共要還三千八百萬元。平均每個月付九萬元就好。同樣貸款三千五百萬元，跟泡沫經濟時期相比，一個要還一億一千四百萬元，另一個只要還三千八百萬元，整整差了七千六百萬元！每月付二十七萬元跟每月付九萬元相比，也差了十八萬元！

不用自備款！也不必拿你的年終來付貸款！現在是史上最低的利率！

這可是日本開國以來，從未有過的狀況喔！

客戶：原來如此。

房仲：對了，之前新聞也有提到消費稅的問題。聽說，從十月起要調漲消費稅了！但利率這種東西要調漲，都是說漲就漲，沒有事先公布的！你不知道何時會漲到兩趴還三趴！

所以要趁利率最低的時候，趕快買房子比較划算。不對，不買房就虧大了！好機會不把握太可惜了！

客戶：有道理！

房仲：同樣都是付錢，租房子租不到太好的物件，可是買房子你可以買到全新的，還附帶停車場呢。你認為哪個比較划算？

客戶：當然是買新家划算啊。

房仲：沒錯，那替房東繳貸款比較好，還是擁有一棟自己的房子比較好？

客戶：當然是擁有自己的房子比較好。

房仲：對！那合約就麻煩你簽一下了。

你要說到這個地步，客戶才能了解接受提案的好處（明確的購買動機）。

化解反駁的技巧你也學到了。

接下來問你一個問題。化解反駁後，你要做什麼？

沒錯，就是提議成交。

有些菜鳥化解完反駁以後，忘了最重要的提議成交，結果對話就莫名其妙結束了。**這種情況還不在少數**。

因此，化解反駁以後，請列出幾個方案給客戶選擇，這種提議成交一定要事先放在銷售劇本裡。

第七章總結

- 化解反駁有四大步驟。
- 化解反駁第一步：提出問題釐清客戶的疑慮（或反駁的意見）。
- 化解反駁第二步：對客戶的反駁表示諒解，並予以稱讚，讓對方打開心房，專心聽你講話。
- 化解反駁第三步：提案。
- 化解反駁第四步：說明客戶接受提案的好處（明確的購買動機）。

後記

擁有銷售劇本，你也能有八成以上的成交率

感謝各位看到最後。

現在歸納一下重點。

遵守三大要點，才能有八成以上的成交率。

- **要點一：了解消費心理。**
- **要點二：編排有效的「銷售劇本」。**
- **要點三：反省結果，持續改進。**

推銷商品其實就是推銷你自己。

懂得推銷自己，才會有自信。

有了自信，才能掌握人生的主導權。

很多銷售業務明明有不錯的商品，卻不曉得該如何販賣。我的職責就是透過推廣和教育活動，讓他們學到「銷售劇本」的訣竅，成功刺激消費者的購買欲望。我希望這麼做，可以改變推銷的風氣。

我知道有些讀者可能覺得推銷很難，擔心自己辦不到。

請別擔心，有我指導各位。

我就陪伴在你身旁，永遠替你加油打氣。讓我們一起走向未來吧。

期待有朝一日，能跟各位讀者見面一敘。

你的銷售顧問．加賀田裕之

Eurasian Publishing Group 圓神出版事業機構 方智出版社 Fine Press

www.booklife.com.tw reader@mail.eurasian.com.tw

生涯智庫 204

頂尖業務有九成靠劇本：從自掏腰包買業績，變身破億銷售高手

作　　者／加賀田裕之
譯　　者／葉廷昭
發 行 人／簡志忠
出 版 者／方智出版社股份有限公司
地　　址／臺北市南京東路四段50號6樓之1
電　　話／（02）2579-6600．2579-8800．2570-3939
傳　　真／（02）2579-0338．2577-3220．2570-3636
總 編 輯／陳秋月
副總編輯／賴良珠
主　　編／黃淑雲
責任編輯／胡靜佳
校　　對／胡靜佳．溫芳蘭
美術編輯／林韋伶
行銷企畫／陳禹伶．黃惟儂．羅紫薰
印務統籌／劉鳳剛．高榮祥
監　　印／高榮祥
排　　版／杜易蓉
經 銷 商／叩應股份有限公司
郵撥帳號／18707239
法律顧問／圓神出版事業機構法律顧問　蕭雄淋律師
印　　刷／祥峰印刷廠

2022年7月　初版

EIGYO WA DAIHON GA 9WARI

First published in Japan in 2020 by Kizuna Publishing.
Traditional Chinese translation rights arranged with PHP Institute, Inc.

定價300元　ISBN 978-986-175-685-1

說話的技術，其實就是傳達商品的價值，讓顧客感到心服口服，最後幫助猶豫不決的人下定決心。

——《收服七萬人心的銷售全技術》

國家圖書館出版品預行編目資料

頂尖業務有九成靠劇本：從自掏腰包買業績，變身破億銷售高手／加賀田裕之 著；葉廷昭 譯 . -- 初版 . -- 臺北市：方智出版社股份有限公司，2022.07

240面；14.8×20.8公分 --（生涯智庫；204）

ISBN 978-986-175-685-1（平裝）

1. CST：銷售　2. CST：銷售員　3. CST：職場成功法

496.5　　111007149